Photoshop与Lightroom完美协作，正向破译后期手法

第 2 版

神奇的后期
Photoshop+Lightroom
双修指南

郑志强 著

北京大学出版社
PEKING UNIVERSITY PRESS

内 容 提 要

本书系统且全面地讲解了Photoshop和Lightroom这两个软件的修片原理与实战技巧。

全书共分为15章，从后期软件的配置等知识开始，深入浅出地讲解图层/蒙版/选区的原理与使用方式、照片明暗控制、照片色彩控制、画质控制、照片瑕疵修复技术、对Lightroom的理解、Lightroom照片管理、Lightroom数码后期综合修图技术、Lightroom核心修图技术、Lightroom预设与拓展、Lightroom与Photoshop的协作技术、二次构图实战、新技术合成实战（包括HDR、接片、堆栈等技术技巧）、风光与人像后期实战等知识技巧。

相信你在阅读完本书之后，一定能够实现数码后期的从入门到精通。

本书附赠有多媒体教学视频，可以帮助读者提高学习效果。

本书适合数码摄影、广告摄影、照片处理等领域的各层次的读者阅读，无论是专业人员还是普通摄影爱好者，都可以通过本书迅速提高照片后期处理水平。

图书在版编目(CIP)数据

神奇的后期Photoshop+Lightroom双修指南 / 郑志强著. – 2版. – 北京：北京大学出版社，2021.2
ISBN 978–7–301–31897–3

Ⅰ.①神… Ⅱ.①郑… Ⅲ.①图像处理软件 – 指南 Ⅳ.①TP391.413–62

中国版本图书馆CIP数据核字(2020)第249222号

书　　　　名	神奇的后期：Photoshop+Lightroom双修指南（第2版）
	SHENQI DE HOUQI：PHOTOSHOP+LIGHTROOM SHUANGXIU ZHINAN（DI-ER BAN）
著作责任者	郑志强　著
责 任 编 辑	张云静　孙宜
标 准 书 号	ISBN 978–7–301–31897–3
出 版 发 行	北京大学出版社
地　　　　址	北京市海淀区成府路205 号　　100871
网　　　　址	http://www.pup.cn　　　新浪微博：@北京大学出版社
电 子 信 箱	pup7@pup.cn
电　　　　话	邮购部 010–62752015　发行部 010–62750672　编辑部 010–62570390
印 刷 者	北京宏伟双华印刷有限公司
经 销 者	新华书店
	787毫米×1092毫米　16开本　22.5印张　542千字
	2021年2月第1版　2021年2月第1次印刷
印　　　　数	1–4000册
定　　　　价	119.00 元

前言
PREFACE

本书是 2016 年由北京大学出版社出版的《神奇的后期 Photoshop+Lightroom 双修指南》一书的升级版，之所以有这次升级，原因是多方面的。

首先，我觉得在 2015 年编写本书第一版时，有些过于重视对 Photoshop 和 Lightroom 软件功能的剖析，对于具体功能的实战使用方法介绍并不算多，这可能会导致一部分读者学习之后无法将所学应用到具体的后期实践中。

其次，摄影技术不断进步，与之相应的后期技法与修片思路也发生了较大变化。在本次升级中，我纳入了当前比较流行的一些修片方法和思路。例如，在修片实战章节中，所使用的方法就是在 Lightroom 中做初步调整，然后进入 Photoshop 进行精修；而在 Photoshop 中对照片进行精修时，也使用了当前非常流行的调整图层 + 黑 / 白蒙版的方法，这样修片效率会很高，修片的效果也会非常理想。

最后，经过这些年的演变，软件进行了多次升级后，界面已经发生了较大变化，所以本书的这次升级也就势在必行。

本书以当前最新的 Photoshop CC 2020 与 Lightroom Classic 版本为平台展开讲解，并向下兼容。

学习数码后期是没有捷径的，生硬地记住许多后期案例几乎没有任何用处。如果没有一定的理论基础支持，记住的后期案例没有可移植性，换一个场景依然会感到无从下手。

本书在写作时，依然遵循了最重要的一个原则，那便是要让读者知其然，知其所以然。只有学懂了摄影后期最重要的基本原理，才能真正掌握全方位的后期知识。之后便是一些简单技巧的不断积累了。

相信你在阅读完本书之后，一定能够实现数码后期的真正入门与提高，并具备一定高度的后期水准。但我不能保证在学习本书之后，就一定能够修出大师级的完美照片，因为数码照片的后期处理不单是一门技术，更是一门艺术，对摄影师的艺术修养及审美能力是有一定要求的。所以，学好本书所介绍的内容只是第一步，接下来还要努力提升自己的美学修养和创意能力。

如果读者在学习过程中遇到难以解决的问题，可以联系我，我的微信号是 381153438。

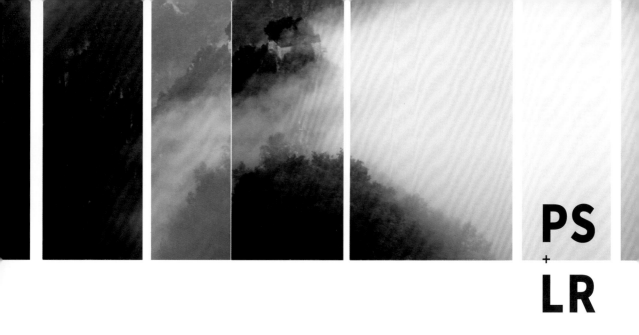

PS
+
LR

▌ 阅读本书之前要知道的 **5** 件事

1.Photoshop+Lightroom 双剑合璧 ···›

一直以来，我都是 Photoshop 软件的坚定支持者，这款软件的功能非常强大，能够满足 90%
以上的数码照片后期处理需求。但后来我发现，仅从数码照片后期的角度来看，Lightroom 同样非
常强大，它为照片的管理、快速修饰、输出建立了一套非常系统的流程化体系，这个发现让我惊喜
不已。

因此，本书就是以这两款软件为载体的。读者可以通过 Photoshop 学习后期基础，通过
Lightroom 进行照片的管理和修饰，如果有照片精修的需要，再跳转到 Photoshop，最终实现
Photoshop 与 Lightroom 的双剑合璧。我相信，Photoshop+Lightroom 双修也是未来专业摄影
师进行数码照片后期处理的发展趋势和潮流。

2. 文字阅读与实践操作相结合 ··›

在阅读本书时，你会发现这本书的文字比较多，但这已经是我进行过无数遍整合、提炼与压缩
后的结果。任何一门技艺，如果只用寥寥的文字就可以讲述清楚，那这门技艺一定是没有太大价值的。

请坐在电脑前面，边翻看本书内容，边在电脑上操作验证和实践，这有助于你快速掌握所学内容。

3. 本书教学思路

第一步，先用一章的内容帮你调试好后期软件，并带你了解一些简单的后期知识。

第二步，带你学习照片明暗、色彩、细节等的控制。这部分的学习可以为你夯实数码后期的理论基础，为后续进一步的学习做好准备。

第三步，教你用 Lightroom 软件进行照片管理、照片的系统修饰、后期处理的高级操作等。

第四步，跳转到 Photoshop，学习照片的深度后期和精修技术。

第五步，进行二次构图、照片创意合成、风光与人像等题材的实战操作，全方位提高你的后期水平。

本书没有一开始就讲解图库的管理，我认为那是不合适的。作为一名初学者，尚不懂得照片明暗影调、色彩、细节表现等是否合理，怎能去管理照片呢？所以，照片的管理应该是在你掌握一定的后期理论之后才能进行的。

4. 多媒体教学视频

本书配备了全程的多媒体视频，帮你加深学习印象，提升学习效率。另外，还附赠了书中的所有素材图片供读者练习使用。以上资源，可扫描下方二维码关注微信公众号，输入"28364"，根据提示获取。

5. 后续服务

关注微信公众号"深度行摄"，后续会推送一些有关摄影、数码后期和行摄采风的精彩内容，微信搜索 shenduxingshe 或扫描以下二维码即可。

PS
+
IR

目 录
CONTENTS

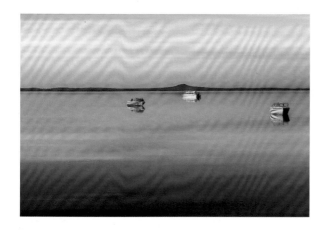

03
CHAPTER

数码后期第一步：
直方图与明暗

04
CHAPTER

数码后期第二步：
色彩控制

05 CHAPTER 照片画质控制：锐化与降噪

06 CHAPTER 无痕移除干扰元素：照片瑕疵修复技术

07
CHAPTER

理解并上手
Lightroom

08
CHAPTER

Lightroom
照片管理技术

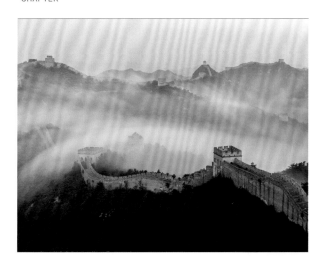

09
CHAPTER

Lightroom
综合修图

10
CHAPTER

Lightroom
核心修图技术

11 CHAPTER Lightroom 预设与拓展

12 CHAPTER Lightroom 与 Photoshop 的协作技术

13 二次构图
实战

CHAPTER

14 新技术合成
实战

CHAPTER

15 风光与人像
后期实战

CHAPTER

进入数码后期的世界 ▾

工欲善其事，必先利其器。

　　在正式开始学习摄影后期之前，摄影师要整理好自己计算机内的图库，配置好自己的后期软件，并熟知摄影前期拍摄以及后期修片所涉及的一些照片格式，如 JPEG、RAW、PSD 及 TIFF 等。

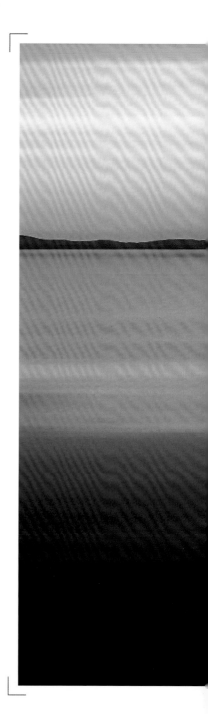

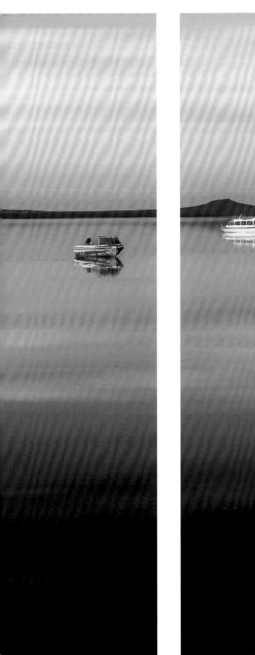

1.1 Photoshop 的摄影界面

工作界面的配置与使用 ▶

作为初学者，你必须要认真阅读下面的内容，因为这会涉及最初使用 Photoshop 时遇到的一些简单问题。对 Photoshop 工作界面有一定了解，并学会一定的操作技能，对后续的学习会有很大帮助。

（1）启动 Photoshop CC 2020，会进入欢迎界面，如图 1-1 所示。

图 1-1

在欢迎界面左上角单击 Photoshop 图标，可以进入 Photoshop 基本功能界面，所展开的功能面板并没有考虑特定用户群的使用习惯，只是提供了一些基本的平面设计类功能，如颜色、色板等，如图 1-2 所示。

（2）如果从摄影用户群体的角度来使用 Photoshop，那么首先应该将软件配置为摄影工作界面。设置的方法非常简单，只要在软件右上角的下拉列表中选择"摄影"选项，即可将软件界面配置为摄影工作界面，如图 1-3 所示。从配置后的界面可以看到，右上方以直方图、导航器取代了原有的颜色、色板等面板，这样更符合摄影师在修图时的使用习惯。毕竟，摄影师在修图时要经常观察直方图，却几乎不使用颜色及色板等面板。

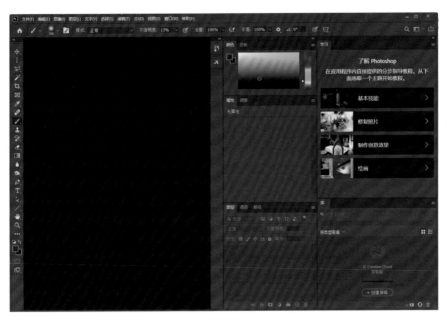

图 1-2

（3）将软件界面配置好后，接下来可以进行面板的打开或关闭设置。在"窗口"菜单中选择某个选项，可以打开或关闭该项对应的面板。如图 1-4 所示，关闭不常用的"库"面板，打开摄影后期中经常使用的"历史记录"面板。

图 1-3

图 1-4

（4）拖动面板上方的标题栏的空白处，可以改变面板的位置。除此之外，还可以对不同面板进行叠加和拆分，如图 1-5 所示，我对信息和属性这两个原本折叠在一起的面板进行了拆分。拆分时要点住标题文字进行拖动，如果点住标题旁边的空白处进行拖动，则会移动面板位置。

如果要折叠面板，只要点住想要折叠的面板的标题，向另外一个面板的标题位置拖动，在出现蓝边框后松开鼠标，即可将两个面板折叠在一起，如图 1-6 所示。

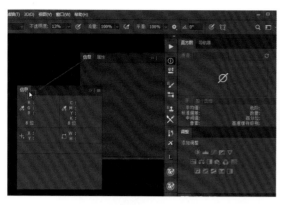
图 1-5

图 1-6

另外，在面板标题栏最右侧，还可以单击打开下拉列表，对面板进行关闭等操作。收起面板后，面板会作为图标放在面板栏与工作区之间的竖条上，如图 1-7 所示。

（5）对 Photoshop 不甚了解的初级用户，一段时间后可能会很苦恼，发现自己的软件界面突然发生了变化，找不到某些自己常用的功能了；或是某些自己常用的面板发生了变化，不再是固定在右侧了，而是变为悬浮状态。这都没有关系，在软件右上角的下拉列表中选择 "复位摄影" 选项，即可将工作界面恢复为初始状态，如图 1-8 所示。

图 1-7

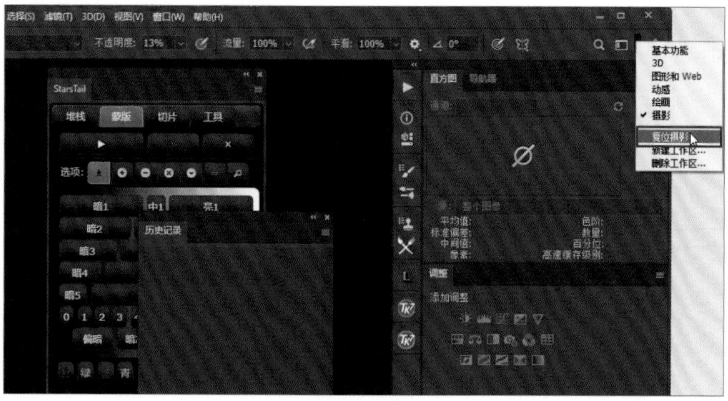

图 1-8

（6）整体上来看，Photoshop 的工作界面赋予了用户非常大的自由度，让用户可以根据自己的工作需求、使用习惯和个人偏好来随意设置功能面板的开关和展示形态。如图 1-9 所示，将界面设定为工具栏双排显示（单击工具栏上方的双向箭头，可以在单排显示和双排显示之间进行切换），底部显示时间轴。无论怎样"折腾"Photoshop 的主界面和功能面板，只要掌握了操作和复位的方法，一切就都不是问题。

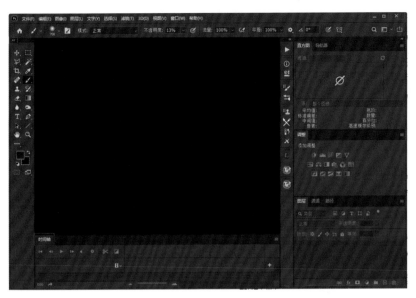

图 1-9

Photoshop 的性能优化 ▶

配置好 Photoshop 软件的工作界面之后，就可以考虑对软件的内在性能进行一定配置和优化了，这主要是通过对首选项的设定来实现的。通过设定首选项，可以将 Photoshop 的各项指标和参数优化到最佳状态。打开 Photoshop 后，在"编辑"菜单中选择"首选项"选项，然后在子菜单中选择"常规"选项，如图 1-10 所示，即可打开"首选项"对话框。

图 1-10

首选项对话框中有许多个条目可以进行配置，其中大部分条目的设置是无关紧要的，或者说与数码照片后期处理是关系不大的，因此只要关注其中几个界面的设置就可以了。

（1）"常规"界面中，重点需要关注的选项是"使用旧版自由变换"，如图 1-11 所示。在 Photoshop CC 2018 及之前的版本中，对照片进行大小的自由变换时，拖动边线，可以任意比例改变照片长宽比。若要等比例变换照片，则需要按住【Shift】键同时拖动边线；在 Photoshop CC 2019 及之后的版本中，拖动边线即可等比例变换照片，而按住【Shift】键并拖动边线则可以任意比例变换。如果选中"使用旧版自由变换"复选框，那么可按 Photoshop CC 2018 及之前的版本方式进行操作。

（2）"界面"界面中，可以设置 Photoshop 主界面的颜色、字体等，如图 1-12 所示。可以根据个人喜好来进行设定，这些对软件的运行性能等并没有太大影响。

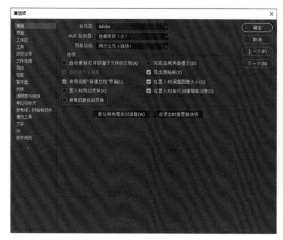
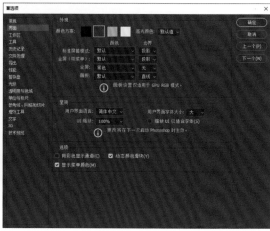

图 1-11 图 1-12

（3）"工具"界面中，建议选中"用滚轮缩放"复选框，如图 1-13 所示。这样在软件中可以通过转动鼠标滚轮放大或缩小照片视图，便于观察。

（4）"文件处理"界面中，可以设定处理过照片之后，所保存照片的扩展名为大写或小写，如图 1-14 所示。除了可以对照片文件的一些存储选项进行配置，还可以在本界面中启动对 Camera Raw 增效工具的配置。

图 1-13 图 1-14

（5）"性能"界面中有很多重要的设置，如图 1-15 所示。"内存使用情况"是指在使用 Photoshop 时分配多大的内存。拖动滑块可以进行设置，建议设置 60%~90% 的内存给 Photoshop 使用。要想使 Photoshop 运行得更快，除了为其设定更大的内存比例外，计算机自身的内存配置也应该高一点，内存越大越好。

图 1-15

　　默认的"历史记录状态"为 50 条，即 Photoshop 的"历史记录"面板中所能保留的历史记录状态的最大数量为"50"，如果觉得记录 50 条太少，可以将其设置为更大的数字。例如，可以设定为 200 条历史记录。该功能比较适合初学者，如果操作失误，可以快速返回到前面的某个步骤。

　　"高速缓存级别"是指图像数据的高速缓存级别数，默认为"4"，这里可以保持默认设置。该选项最高可以设置为"8"，在处理大照片时，可以设置为较大的高速缓存级别；处理小照片时，可以设置为较小的高速缓存。

　　"高速缓存拼贴大小"是指 Photoshop 一次存储或处理的数据量，该选项的设定与"高速缓存级别"相似。

　　如果用户的计算机配置较高，显卡性能出众，那么"使用图形处理器"这个复选框往往处于自动选中状态，可以让计算机发挥更好的性能。选中"使用图像处理器"复选框后，可单击"高级设置"按钮，打开"高级图形处理器设置"界面，在其中可以设置"绘制模式"，如果计算机性能高，可选"高级"；如果性能一般，那么可以选择"基本"或"正常"，如图 1-16 所示。

图 1-16

　　（6）"暂存盘"界面中，默认只选中 C 盘作为暂存盘。当 Photoshop 在处理大量或者大尺寸照片时，会占据大量的暂存盘空间，如果 C 盘的空间不足，Photoshop 就会提示内存不足，暂

存盘已满。如果处理非常大的照片，最好提前提供更大的暂存盘空间，可选中 D 盘、E 盘等，如图 1-17
所示，这样在处理照片时，当照片占满了第一个暂存盘，就可以自动转入第二个暂存盘，以此类推。
该功能在进行大量照片的合成时非常有效，如利用静态星空照片合成星轨时，多选中几个硬盘，可
以更高效地完成操作。

图 1-17

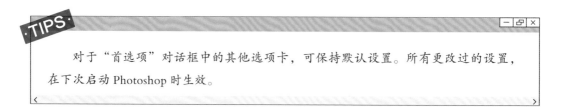

TIPS

　　对于"首选项"对话框中的其他选项卡，可保持默认设置。所有更改过的设置，
在下次启动 Photoshop 时生效。

1.2　相机的存储设定与磁盘存储

　　前些年，很多人可能只拍摄 JPEG 格式的照片，很少存储 RAW 格式的照片。原因如下：（1）RAW
格式文件主要用于后期处理，对不精通后期处理的摄影师几乎没有用处；（2）RAW 格式文件会占用
更大的磁盘存储空间，在十年以前，主流的硬盘空间往往只有 100GB 左右，并且没有太大的移动硬盘，
照片的存储是个大问题；（3）RAW 格式文件的通用性较差，有时无法使用一般看图软件查看。
　　时至今日，摄影师必须拍摄 RAW 双格式（或是 RAW+JPEG 的双格式）照片。首先，随着
磁盘存储技术的发展，主流的硬盘存储空间已经达到 TB 级别，移动硬盘的空间也在不断加大，且
价格不断降低；其次，即便你现在没有掌握 RAW 格式处理技法，但未来一定可以掌握，那时可以

回过头来处理你曾经拍摄过的 RAW 格式文件，能够获得更好的效果。

　　当前主流的数码单反相机，均可以拍摄 RAW+JPEG 双格式照片。以佳能 EOS 80D 为例，在拍摄菜单的图像画质中，可以设定是只拍摄某一种格式还是双格式，如图 1-18 所示。

　　也有一些特殊机型，除可拍摄 RAW 格式、JPEG 格式照片外，还可以拍摄 TIFF 及 DNG 等格式的照片。如尼康的 D300S 机型就可以拍摄 TIFF 格式照片，而哈苏、莱卡、理光的某些机型则可以拍摄 DNG 格式照片。有关各种常用照片格式的详细知识，将在 1.3 节进行详细介绍。

图 1-18

　　完成一次拍摄之后，应该尽快将照片导入计算机硬盘或是移动硬盘中。需要专门开辟一个驱动器作为图库使用，无论是 D 盘、E 盘、F 盘，还是其他盘，空间最好在 200GB 以上；待该磁盘存储空间已满，再开辟一个单独的硬盘分区作为图库 2 使用。

　　举个例子，我的照片一般存储在两个地方，一个是我计算机上的 E 盘；另一个是移动硬盘，这个移动硬盘有 3TB 的存储空间。这两个存储位置，足以存储我较长时间内拍摄的照片。如果空间用尽，只要继续添加大容量的移动硬盘就可以了。

　　在硬盘内存储照片时，也要有一定的秩序。建议每次在拍摄完后，都将照片存储在以"时间＋主题"命名的文件夹中，如图 1-19 所示。这样可以兼顾时间顺序和照片主题，便于管理和查找。

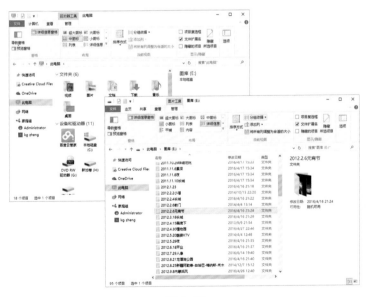

图 1-19

1.3 认识常用的照片格式

打开保存照片的文件夹，如果曾经对 RAW 格式文件进行过一些特定的处理，那么文件夹内可能是如图 1-20 这样的。照片文件有 .JPG、.TIF、.NEF、.PSD、.XMP 等格式，其中，".NEF"是尼康单反相机拍摄的 RAW 格式文件（佳能单反相机拍摄的 RAW 格式文件的扩展名是 .CR2）。除了图 1-20 中出现的这些照片文件格式之外，下面还将介绍 DNG、GIF、PNG 等常用的照片格式。

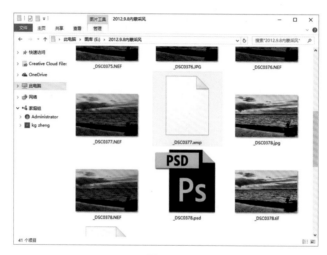

图 1-20

JPEG、RAW 和 XMP 格式 ▶

JPEG 是摄影师最常用的照片格式，扩展名为 .JPG（之前已经介绍过，可以在计算机内设定以大写或小写字母的方式来显示扩展名，图 1-21 所示便是以小写字母 .jpg 来显示）。因为 JPEG 格式照片在高压缩性能和高显示品质之间找到了平衡，即 JPEG 格式照片可以在占用很小空间的同时，具备很好的画质。而且 JPEG 照片格式的普及性和用户认知度都非常高，我们的计算机、手机等设备自带的读图软件都可以读取和显示这种格式的照片。对于摄影师来说，很多时候都要与这种照片格式打交道。

从技术的角度来讲，JPEG 格式可以把文件压缩得很小。在 Photoshop 软件中以 JPEG 格式存储时，提供了 13 个压缩级别，以 0 ~ 12 级表示。其中 0 级压缩比最大，图像品质最差。以 12 级压缩时，压缩比例变小，照片所占的磁盘空间增大。在手机、计算机屏幕中观看的照片往往不需要太高的质量，较小的存储空间和相对高质量的画质才是我们追求的目标。

图 1-21

　　压缩等级为 8~10 时，可以获得存储空间与图像质量兼得的较佳比例，如果照片有商业或是印刷等需求，一旦保存为 JPEG 格式，那么建议采用较小压缩比的 12 级进行存储。

　　对于大部分摄影爱好者来说，无论最初拍摄了 RAW、TIFF、DNG 格式还是曾经将照片保存为 PSD 格式，最终在计算机上浏览、在网络上分享时，通常还是要转为 JPEG 格式呈现。

　　从摄影的角度来看，RAW 格式与 JPEG 格式是绝佳的搭配。RAW 格式是数码单反相机的专用格式，是相机的感光元件 CMOS 或 CCD 图像感应器将捕捉到的光源信号转化为数字信号的原始数据。RAW 格式文件记录了数码相机传感器的原始信息，同时记录了由相机拍摄所产生的一些原始数据（如 ISO 的设置、快门速度、光圈值、白平衡等），RAW 格式是未经处理也未经压缩的格式，可以把 RAW 概念化为"原始图像编码数据"，或更形象地称为"数字底片"。不同的相机有不同的对应格式，如 .NEF、.CR2、.CR3、ARW 等。

　　因为 RAW 格式保留了摄影师创作时的所有原始数据，没有经过优化或压缩而产生细节损失，所以特别适合作为后期处理的底稿使用。

　　相机拍摄的 RAW 格式文件用于进行后期处理，最终转为 JPEG 格式照片在计算机上查看和在网络上分享。所以说，这两种格式是绝配！

　　几年以前，计算机自带的看图软件往往是无法读取 RAW 格式文件的，并且许多读图软件也不行（当然，现在已经几乎不存在这个问题了）。从这个角度来看，RAW 格式的日常使用很不方便。在 Photoshop 软件中，RAW 格式文件需要借助特定的增效工具 Adobe Camera Raw 来进行读取和后期处理，如图 1-22 所示。具体使用时，将 RAW 格式照片拖入 Photoshop，会自动在 Photoshop 内置的 Camera Raw 插件中打开。

图1-22

　　单反相机拍摄的 RAW 格式文件是加密的，有自己独特的算法。相机厂商推出新

机型的一段时间内，作为第三方的 Adobe 公司（开发 Photoshop 与 Lightroom 等软件的

公司）尚未破解新机型的 RAW 格式文件，是无法使用 Photoshop 或 Lightroom 读取的。

只有在一段时间之后，Adobe 公司破解该新机型的 RAW 格式文件后，才能使用旗下的

Photoshop 或 Lightroom 软件进行后期处理。

那么，在后期处理方面，RAW 格式文件比 JPEG 格式到底强在哪里呢？

1.RAW 格式文件保留了所有原始信息

　　RAW 格式文件就像一块未经加工的石料，将其压缩为 JPEG 格式照片，就如同将石料加工成一座人物雕像。在实际应用方面，将 RAW 格式文件导入后期软件，用户可以直接调用日光、阴影、荧光灯、日光灯等各种原始白平衡模式，获得更为准确的色彩还原，如图 1-23 所示。JPEG 格式则不行，因为它已经在压缩过程中自动设定为某种白平衡模式了。另外，在 RAW 格式原片中，用户还可以对照片的色彩空间进行设置，而 JPEG 格式照片已经自动压缩为某种色彩空间（以 sRGB 色彩空间居多）了。

2. 更大的位深度，确保有更丰富的细节和动态范围

　　打开一张 RAW 格式照片，提高 1EV 的曝光值；再打开一张与 RAW 格式照片完全一样的 JPEG 格式照片，提高 1EV 的曝光值；这样就得到了图 1-24 所示的测试效果。从图中可以看到，RAW 格式照片改变曝光值之后，画面整体明暗发生了变化，但各区域的明暗仍然非常合理，细节

相对完整；而 JPEG 格式照片提高曝光值后，高光部位出现了明显的过曝，变得一片死白，损失了大量高光细节。

图 1-23

RAW 格式原片画面

将 RAW 原片提高 1EV 曝光值后的画面

JPEG 格式照片画面

将 JPEG 格式照片提高 1EV 曝光值后的画面

图 1-24

　　另外，对拍摄的 JPEG 格式照片进行明暗对比度调整时，经常会出现一些明暗过渡不够平滑、有明显断层的现象。这是因为 JPEG 格式是压缩后的照片格式，有很多细节损失。如图 1-25 所示，天空部分的过渡就不够平滑，出现了大量的波纹状断层。

图 1-25

　　之所以出现图 1-24 和图 1-25 所示的问题，原因只有一个，那就是 RAW 格式文件与 JPEG 格式文件的位深度不同。

　　JPEG 格式照片的位深度为 8bit，即 R、G、B 三个色彩通道（色彩也是有明暗的，第 3 章将详细介绍）都要用 2^8 级亮度来表现。例如，在 Photoshop 中调色或是调整明暗影调时有 0~255 级亮度，如图 1-26 所示。就说明所处理的照片是 256 级亮度，也就是 2^8，称为 8bit。RGB 三个色彩通道都是 256 级亮度，三种色彩任意组合，那么一共会组合出 256×256×256=16777216 种颜色，人眼基本上能够识别 1600 万种色彩，两者大致能够匹配起来。

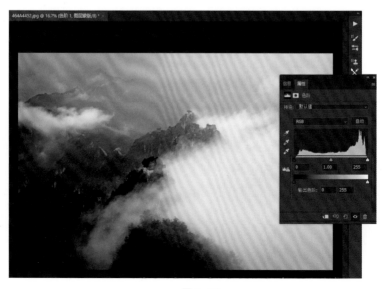

图 1-26

再来看 RAW 格式照片，差别就很大了。RAW 格式一般是具有 12bit 或更高位的色彩深度，假设有 14bit 的位深度，那么 RGB 三色通道分别具有 2^{14} 级亮度，最终构建出来的颜色数是 4398046511104。如此多的色彩数，远远超出了人眼能够识别的程度，这样的好处就是给后期处理带来了更大的余地，不会轻易出现照片色彩宽容度不够的问题，如稍提高曝光值就会出现高光过曝损失细节的情况。要注意的一点是，RAW 格式在转化为 JPEG 格式时，会转变为 8bit 通道。

如果在 Photoshop 中利用 Adobe Camera Raw 工具对 RAW 格式文件进行过处理，那么文件夹中会出现一个同名的文件，但文件扩展名是 .XMP，该文件无法打开，是不能被识别的文件格式，如图 1-27 所示。

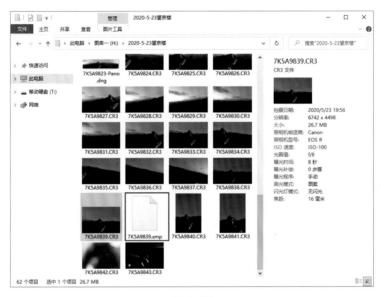

图 1-27

其实，XMP 是一种操作记录文件，记录了用户对 RAW 格式原片的各种修改操作和参数设定，是一种经过加密的文件格式。通常情况下，该文件非常小，几乎可以忽略不计。但如果删除该文件，那么对 RAW 格式所进行的处理和操作就会消失。

PSD 和 TIFF 格式 ▶

PSD 格式是 Photoshop 的专用文件格式，文件扩展名是 .PSD，是一种无压缩的原始文件保存格式，也可以称为 Photoshop 的工程文件格式（在计算机中双击 PSD 格式文件，就会自动打开 Photoshop 进行读取）。由于可以记录所有原始信息和操作步骤，因此在图像处理中对于尚未制作完成的图像，选用 PSD 格式保存是最佳的选择。保存以后再次打开 PSD 格式文件，之前编辑的图层、滤镜等处理信息还存在，可以继续修改或者编辑。

正是因为保存了所有的文件操作信息，所以 PSD 格式文件往往非常大，并且通用性很差，只能使用 Photoshop 读取和编辑。

从对照片编辑信息的保存完整程度来看，TIFF 格式文件与 PSD 格式文件很像。TIFF 格式是由 Aldus 和 Microsoft 公司为印刷出版开发的一种较为通用的图像文件格式，扩展名为 .TIF。TIFF 格式是现存图像文件格式中非常复杂的一种，但可以支持在多种计算机软件中进行图像显示和编辑。

当前几乎所有专业的照片输出，比如印刷作品集等，大多采用 TIFF 格式。TIFF 格式文件很大，但却可以完整地保存图片信息。从摄影师的角度来看，TIFF 格式文件大致有两个用途：一是在确保图片有较高通用性的前提下保留图层信息；二是满足印刷需求。更多的时候，使用 TIFF 格式是因为其可以保留照片处理的图层信息，如图 1-28 所示。

图 1-28

PSD 与 TIFF 格式的主要异同点有以下几个。

（1）PSD 格式是工作用文件，而 TIFF 格式更像是工作完成后输出的文件。最终完成对 PSD 格式的处理后，输出为 TIFF 格式，确保在保存大量图层及编辑操作的前提下，能够有较强的通用性。例如，假设对某张照片的处理没有完成，但必须要出门了，则将照片保存为 PSD 格式，回家后可以重新打开保存的 PSD 格式文件，继续进行后期处理；如果出门时保存为 TIFF 格式，肯定会产生一定的信息压缩，再次打开时就无法对照片进行延续性的处理。而如果对照片已经处理完毕，又要保留图层信息，那保存为 TIFF 格式则是更好的选择；如果保存为 PSD 格式，则后续的使用会处处受限。

（2）这两种格式都能保存图层信息，但是 TIFF 格式仅能保存一些位图格式信息，而图层蒙版、矢量线条等是无法保存下来的；PSD 格式却可以毫无遗漏地保存下所有图层和编辑操作信息。

DNG 格式 ▶

如果理解了 RAW 格式，那么就很容易弄明白 DNG 格式。DNG 也是一种 RAW 格式文件，是 Adobe 公司开发的一种开源的 RAW 格式文件。Adobe 公司开发 DNG 格式的初衷是，希望破除日系相机厂商在 RAW 格式文件方面的技术壁垒，实现一种统一的 RAW 格式文件标准，不再有细分的 CR2、NEF 等。虽然有哈苏、莱卡及理光等厂商的支持，但佳能及尼康等大众化的厂家并不买账，所以 DNG 格式并没有实现其被开发的初衷。

当前，Lightroom 软件默认会将 RAW 格式文件转为 DNG 格式进行处理，这样做的好处是不会产生额外的 XMP 记录文件，所以在使用 Lightroom 对原始文件进行处理之后，是看不到 XMP 文件的。另外，在处理 DNG 格式的原始文件时，处理速度要快于一般的 RAW 格式文件。但是 DNG 格式的缺陷也是显而易见的——兼容性是个大问题，当前主要是 Adobe 旗下的软件在支持这种格式，其他的后期软件可能并不支持。

在 Lightroom 的首选项中，可以看到软件是以 DNG 格式对原始文件进行处理的，如图 1-29 所示。

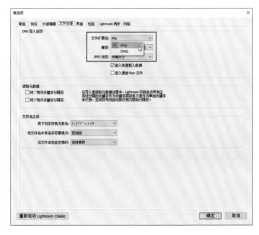

图 1-29

 1.4　Photoshop 中照片文件的保存

对照片进行后期处理之后，可以通过"文件"菜单中的"存储"或"存储为"两个菜单命令对照片进行存储。执行"存储"菜单命令，可以将照片直接存储并覆盖原照片，这样再次打开照片后，显示的就是处理之后的效果了。

通常来说，建议使用"存储为"菜单命令存储照片，执行该命令后会弹出"另存为"对话框，在该对话框中，如果不修改文件名，那么照片会替换原有文件，与直接存储的菜单命令几乎没有差别（当然，系统会提示是否替换原文件）。大部分情况下，建议对文件名进行修改，例如可以改为"原文件名－1"的形式，这样可以在备份原始文件的前提下，保存处理后的文件。

如果没有印刷、冲洗等要求，那么保存为 JPEG 格式就可以了，如图 1-30 所示。

图 1-30

最后，在保存照片时，不要忘记选中"ICC 配置文件"复选框，为照片配置好色彩空间，以满足在计算机内预览或在互联网上分享的需求。

当然，也要根据照片的用途来设定色彩空间。对于绝大多数需要在计算机、手机等设备上浏览的照片来说，配置为"sRGB"色彩空间是最好的选择。如果 ICC 配置文件中显示的色彩空间不是sRGB，那就需要在保存照片之前单击"编辑"选项卡，选择"转换为配置文件"选项，弹出"转换为配置文件"对话框，在其中的"目标空间"区域设定"配置文件"为 sRGB 色彩空间，如图 1-31所示，然后再保存照片。

图 1-31

02
CHAPTER

图层、蒙版与选区，
数码后期的三大基石

图层是 Photoshop 最具魅力的基本功能之一，无论是照片的基本处理还是特效合成，都离不开它。

相对于图层，选区的概念可能更容易理解一些，并且选区的建立和取消等操作也非常简单。

蒙版是一个很抽象的概念，令很多初学者望而却步。不过没有关系，通过本章的学习，相信你可以很好地理解蒙版，并掌握利用图层、选区和蒙版进行照片后期处理的知识和技巧。

2.1 图层基本操作与使用

在 Photoshop 中打开一张照片，将其想象为一张实体的纸质照片。继续打开另外两张照片，并将其叠在一起，那么现在就有三张不同的纸质照片叠在一起了，形成了三层的照片结构。一层照片结构可以用一个图层来描述，数码照片同样如此。但要注意，软件中的图层并不仅限于照片，还可能是某些线条、文字等。

图层的概念与基本知识 ▶

如果将叠加起来的最上方的图层撕掉一片区域，那么被撕掉的区域就会露出下方图层的内容，最终的效果就是两个图层的叠加画面。在软件当中，将多张不同的照片叠加在一起，可以使用橡皮擦擦掉上方图层的内容而露出下方图层的局部，最终实现图层的合成，这是图层的一种典型应用。

下面通过两张数码照片的简单合成，来进一步介绍图层的概念以及图层的一些基本知识。

在 Photoshop 中打开两张照片，在工作区左上角可以看到这两张照片的标题，其中被激活的照片的标题处于高亮状态，如图 2-1 所示。工作区中展示的是这张照片的画面，而在图层面板中，对应的则是这张照片的图层图标。两者所指向的都是这张照片，工作区用于展示照片全画面，图层面板中的图层图标用于展示图层，便于后续对照片进行调整。

图 2-1

将鼠标指针移动到打开的另一张照片的标题栏上单击，这样就可以激活另一张草原河流的照片。在工具栏中选择"移动工具"，将鼠标指针移动到草原照片上，单击点住并向湖泊照片的标题上拖动。我们的目的是将这张草原照片移动到湖泊照片上，形成图层的叠加，如图 2-2 所示。

图 2-2

将草原照片移动到湖泊照片的标题栏之后，工作区的建筑照片便处于激活状态，继续拖动，将草原照片放到湖泊照片上然后松开鼠标，得到如图 2-3 所示的效果。

图 2-3

此时可以看到，草原照片作为上方的图层遮挡住了下方图层的一部分，从图层面板中可以清楚地看到这两个图层的结构。

接下来在工具栏中选择"文字工具"，并设置该工具的一些参数，比如设定文字的格式、大小及颜色。

设置好之后，将鼠标指针移动到工作区的照片上输入文字，这里输入"九曲十八弯"。在右侧的图层面板中可以看到，此时整个照片画面有三层结构，第一层为文字图层，第二层为草原照片，第三层为湖泊照片，如图 2-4 所示。

图 2-4

图层的基本操作 ▶

在掌握了图层的一些基本概念与知识之后，就可以进一步了解有关图层的基本操作了。

之前已经将两张数码照片叠加在一起，并在上面建立了一个文字图层。如果要隐藏某个图层，只要在图层面板中单击图层前的小眼睛图标就可以了，如图 2-5 所示。可以看到文字图层已经被隐藏了起来，但并没有被删除。如果要再次显示，那么再次单击小眼睛图标就可以。

如果要编辑草原照片的图层，首先应该将鼠标指针移动到草原照片的图层图标上，单击选中这个图层，才可以对这个图层进行操作。

图 2-5

　　如果要改变图层的上下顺序，那么可以将鼠标指针移动到对应图层上单击点住，并向上拖动或向下拖动，如图 2-6 所示。这里单击点住文字图层向下拖动，可以与草原图层交换位置，交换位置之后草原图层处于最上方，遮挡了下方的文字图层。

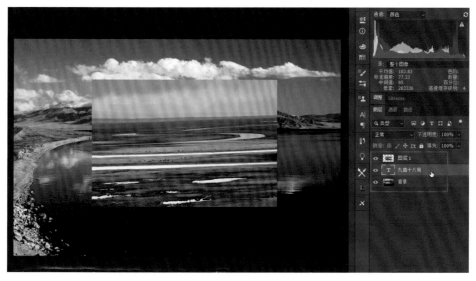

图 2-6

　　可以看到，草原照片尺寸比较小，无法完全覆盖湖泊照片，所以要调整该照片的尺寸。先单击选中该图层图标，然后再单击"编辑"选项卡，选择"自由变换"选项。此时所选中的图层就处于可编辑状态，四周出现了可调整尺寸的调整线，鼠标指针放到调整线上之后，会变为双向可调整的箭头，单击点住箭头并向外拖动，可以放大照片的尺寸，如图 2-7 所示。

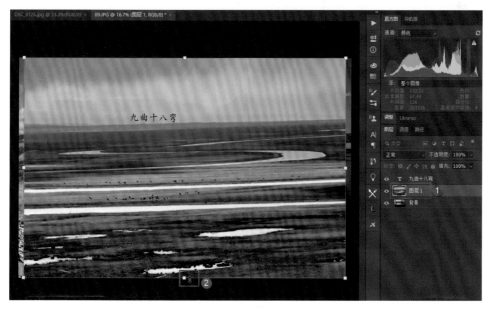

图 2-7

利用 Photoshop CC 2018 及之前的版本对照片进行自由变换时，单击点住边线并直接拖动就可以改变长宽比；但在 Photoshop CC 2019 和 2020 版本中，如果直接拖动边线，照片会等比例变化，如果要改变长宽比，需要按住【Shift】键进行拖动。

因为之前已经选中了这个图层，所以这时的调整只是针对这个图层的。经过调整，草原图层的大小发生了改变，完全覆盖住了湖泊图层，如图 2-8 所示。

图 2-8

此时的湖泊图层作为背景图层出现。背景图层右侧有一个小锁的标记，表示该图层处于锁定状态，它锁定的是照片中像素的位置，即像素位置固定，不能进行任何移动，但仍然可以对其进行一些明暗及色彩的调整。

如果要取消锁定，只要将鼠标指针放在锁定图标上并单击，就可以为这个图层解锁，如图 2-9 所示。解锁之后可以看到背景图层变为"图层 0"，这个图层就与之前加上草原的图层完全一样了，如图 2-10 所示，此时可以改变像素位置或调整照片大小。

图 2-9

图 2-10

　　选中某个图层后，改变该图层的不透明度，可以让该图层处于一种半透明的状态。照片后期处理中弱化某些调整效果时经常使用该方法，如图 2-11 所示。

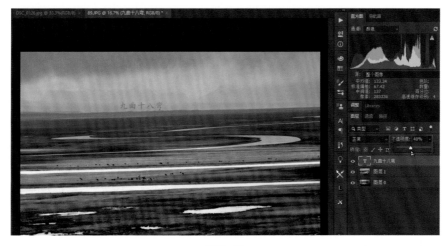

图 2-11

　　如果要复制两个完全一样的图层出来，那么可以先单击选中某个图层，然后按【Ctrl+J】组合键，就可复制出一个与之前图层完全一样的图层，只是名称不同，如图 2-12 所示。事实上，右击想复制的图层，在弹出的菜单中选择"复制图层"选项，也可以复制新的图层。

　　右击图层，弹出的菜单中有许多常用的命令，比如"复制图层""删除图层""向下合并""合并可见图层""拼合图像"等，如图 2-13 所示。

图 2-12

图 2-13

　　现在来继续调整草原与湖泊的照片。

　　将三个图层叠加在一起，并将草原图层的大小调整到能够覆盖住建筑图层之后，单击点住湖泊图层并向上拖动，让其覆盖住草原图层的上方。在工具栏中选择"橡皮擦工具"，在上方的选项栏中可以设置画笔的大小、不透明度。然后将鼠标指针移动到画面中，擦掉湖泊近处的部分，如图 2-14

所示。最终效果只保留了湖泊图层远处的山体部分，与草原图层进行了合成，得到了不一样的美景。

图 2-14

2.2 选区实战

　　将图层叠加起来，用橡皮擦擦拭掉上面图层的像素，就会露出下层照片的某些区域，最终实现合成。但这里有一个问题，橡皮擦擦拭时的边缘是不够准确的，只是大致地擦拭。如果要准确地擦掉上方图层的某些区域，就要借助其他工具来实现了。如果用边线圈出一块区域，再用橡皮擦擦拭时，就可以只擦拭限定区域内的像素，最终完成精确的像素控制，这种边线圈起的区域称为选区。

　　Photoshop 中有多种工具可以建立选区，帮助用户精确控制照片的像素。下面介绍两种选区工具：一种是简单的、规则的选框工具，如矩形选框工具、圆形选框工具等；另一种是可用于选中边缘不规则的景物的套索工具，如多边形套索工具、磁性套索工具等。

　　先来看规则的选框工具。打开两张照片，将山景照片拖到天空（背景）图层上，如图 2-15 所示。单击选中上方的图层，选择"矩形选框工具"，在照片上拖动建立一个选区（按【Ctrl+D】组合键可以取消选区）；选择"橡皮擦工具"在选区内擦拭，这时擦拭就会被严格限定在选区内，露出背景图层的选区部分，实现了精确控制。

图 2-15

单击选中处于锁定状态的背景图层，再次建立选区并擦拭。此时会发现擦掉像素后变为了红色，这是因为背景图层下方没有其他图层了，就会露出画布背景，而背景色为红色，如图 2-16 所示。

当然，背景色是可以改变的。单击工具栏中的"背景色"图标，弹出"拾色器"对话框，在其中的色板中单击就可以定义不同的背景色或前景色，如图 2-17 所示。如果选择"画笔工具"在照片上涂抹，此时涂抹出的颜色便是前景色。另外，单击"切换前景色和背景色"按钮 ，即可将当前的前景色和背景色切换过来。

图 2-16

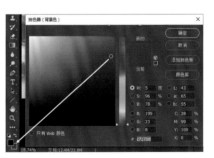

图 2-17

删除选区内的像素后，选区边缘会非常明显，两个图层是格格不入的，过渡很不自然。使用"羽化"功能可以改善这一问题。建立选区后，先不要删除或擦拭掉选区内的像素，右击选区，在弹出的菜单中选择"羽化"选项。在弹出的对话框中将羽化值加大，这里设定为"50"，单击"确定"按钮返回，如图 2-18 所示。然后按【Delete】键或用橡皮擦擦拭掉选区内的像素，此时会发现在选区边缘位置，两个图层的过渡非常自然、平滑，效果如图 2-19 所示。在对选区进行羽化时，羽化值越大，则选区边缘越平滑。

图 2-18

图 2-19

　　选择选区的工具除了有"矩形选框工具"，还有"椭圆选框工具""单行选框工具"和"单列选框工具"，操作方法没有区别。需要注意的是，建立选区时如果按住【Shift】键，则可以建立正方形或正圆形选区。

　　利用选框工具制作选区比较快捷，但是只能制作一些矩形的选区，无法做到精确地制作选区。如果要精确地选中一些主体，需要使用多边形套索工具或磁性套索工具等进行操作。

　　打开图 2-20 所示的两张照片，将山景照片拖动到背景图层上后，调整山景照片的尺寸，调到与背景图层一样大。

　　在工具栏中选择"多边形套索工具"，将山景照片的天空部分选中，如图 2-21 所示。

图 2-20

图 2-21

　　选中天空部分时，有些边缘可能会不准确。这时就要使用上方选项栏中的"从选区减去"或"添加到选区"功能了。本例中选择"从选区减去"，然后选中多选的山体部分，如图 2-22 所示，即可从建立好的选区中去掉多选的区域。"添加到选区"和"从选区减去"是常用的重要功能，一定要掌握其使用方法和技巧。

　　我们想要做的是将没有云的天空擦掉，露出背景中漂亮的天空。现在已经将天空部分精确地选中了，接下来要对选区进行羽化，否则边缘会显得不自然。因此，右击选区，在弹出的菜单中选择

"羽化"选项，在羽化界面中设定羽化值为"1"（过大的羽化值会让边缘失真），最后单击"确定"按钮返回主界面，如图 2-23 所示。

图 2-22　　　　　　　　　　　　　　　　　　　　图 2-23

接着按【Delete】键直接将选区内的像素删除，或是选择"橡皮擦工具"，将选区内的像素擦掉，这样就会露出背景中带云层的天空了。再按【Ctrl+D】组合键取消选区线，效果如图 2-24 所示。

图 2-24

TIPS

选区使用技巧

（1）选择"套索工具"后，在景物边缘单击就能建立一个节点，松开后移动鼠标指针就可以拖出选区线；在拐角处再单击建立一个节点，改变选区线的方向；最后，选区线末端靠近初始端时，鼠标指针附近会出现一个圆圈，单击该圆圈就可以将选区封闭起来。

（2）在选区线两端没有靠近时，如果想要封闭选区，双击鼠标即可。

（3）建立选区的过程中肯定会出现操作失误，产生错误节点，此时不要紧张，按键盘上的【Backspace】键就可以擦掉错误节点，然后继续操作。

（4）磁性套索工具可以自动识别明显的景物边缘，不用单击鼠标即可建立选区。

强大的快速选择工具与魔棒工具 ▶

与手动查找景物边缘后建立选区的方式不同，还有一种更加智能的手段：使用快速选择工具或魔棒工具来建立选区。

使用快速选择工具时，在工具栏中选择该工具，然后将鼠标指针放到要建立选区的位置，单击点住并拖动，系统会自动查找景物边缘并进行描线，将周边明暗和色彩差别不太大的像素区域全部选中。

快速选择工具最主要的参数为笔触的大小，这个要根据所建立选区的大小来设定。如果想要建立较大的选区，就将笔触设置得大一些；如果是为一些树叶缝隙、头发丝缝隙等小区域建立选区，就缩小笔触。

如果设置的笔触较大，那就可以快速选中目标区域，如图 2-25 所示。

快速选择工具的强大之处就在于"快"，对大片区域建立选区时非常好用。建立好大片的选区后，针对立柱中间的小选区，可以缩小画笔直径，在选项栏中选择"添加到选区"，然后在这片区域上拖动，就可以将其添加进来，如图 2-26 所示。

图 2-25

图 2-26

检查选中的结果，就会发现快速选择工具的缺点也同样明显，区域边缘有些墙体部分识别不够精确，也被错误地纳入了。针对这种情况，可以设定"从选区减去"，将多选进来的部分去掉，最终选区效果如图 2-27 所示。当然，也可以选用多边形套索工具，设定"从选区减去"，将多选的部分去掉。

图 2-27

与快速选择工具相似的还有魔棒工具。选择"魔棒工具"，在照片中的某个位置单击，那么与单击位置明暗度相近的区域就会被全部选中。

用户可以设定容差值，即规定使用魔棒单击时，在容差范围内的照片像素会被建立选区，而与选定位置的容差超过设定值的像素区域就不会被选中。我们知道一张照片有 256 级亮度，比如在色阶图中，从最暗到最亮用 0~255 级动态来表示。如果设定了容差值为 50，那么与魔棒单击位置相差 50 级亮度以内的区域都会被选中并建立选区，如图 2-28 所示。但因为限定了"连续"这个条件，这样照片中其他与单击位置容差在 50 以内的像素就不会被包含进来；如果不限定"连续"，那就是将全照片范围内与单击位置容差在 50 以内的像素都选择出来，如图 2-29 所示。

图 2-28　　　　　　　　　　　　　　　　　　图 2-29

初学者一看，可能会觉得魔棒工具非常好用，可一次性建立大面积选区。但根据笔者个人的经验，魔棒工具并没有那么好用。因为我们大多是拍摄风光、建筑、花草、生态、室外人像等题材，这类题材的照片中，几乎没有大片亮度非常相近的区域，所以没有办法使用魔棒工具一次性建立选区。另外，具体使用时，如果设定较大的容差，很容易造成边缘不准确；而如果设定的容差很小，又无法快速建立较大面积的选区，所以这一功能有时候不够智能。

在平面设计或室内的商业人像摄影照片中使用魔棒工具，设定较小的容差，有时候还是比较好用的。例如在图 2-30 所示的照片中，只需要选择"魔棒工具"，然后将容差设定得小一些，这里设定为"6"，然后在背景位置单击，就会发现背景一下就被选中并建立了选区。此处之所以要选中"连续"复选框，是想避免将人物身体上与背景容差在 6 之内的部分也错误地选择进来。

唯一不够精确的位置是在左胳膊，此时只要选择"多边形套索工具"，设定"从选区减去"，就可以轻松地将选区内多选进来的衣物部分减去；再设定"添加到选区"，将胳膊内漏掉的区域添加进来，最终获得相对完美的选区，如图 2-31 所示。

图 2-30　　　　　　　　　　　　　　　　　　图 2-31

色彩范围：快速建立选区 ▶

　　"色彩范围"与魔棒工具的功能非常像，但它具有比魔棒工具更强的可操作性。但这一命令并没有集成在 Photoshop 主界面左侧的工具栏中，而是在"选择"下拉菜单中，选择该命令可打开"色彩范围"对话框。

　　打开色彩范围对话框后，会发现对话框中显示的预览图、工作区中的照片与工作界面中的不一样。初次打开色彩范围对话框，对话框中的预览图呈灰度状态，工作区的照片呈现的是正常的彩色状态。色彩范围对话框中的预览图比较小，这样不方便观察操作时的照片状态变化；而如果将工作界面中较大的照片显示为灰度，则可以方便观察建立选区时的画面显示效果（还可将预览图设定为彩色）。要想这样显示，只要如图 2-32 中标注的那样设定即可。

图 2-32

　　打开"色彩范围"对话框后，鼠标指针会变为吸管状态，在预览图或工作区中单击，单击位置周边就会变为白色，与该位置反差较大的区域会变为灰色或黑色。白色部分就是想要建立选区的位置，如图 2-33 所示。我们的目的是为人物之外的部分建立选区，那就应该让人物部分变为纯黑色，而人物之外的部分变为纯白色，现在的效果显然是不够理想的。

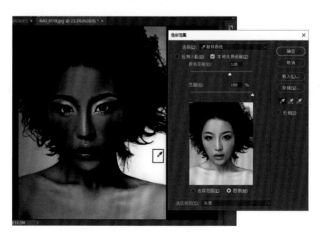

图 2-33

　　在色彩范围对话框中，对容差的设定是随时可调的。在需要取色的部分单击，与此位置明暗相差不大的区域会全部呈现白色，表示这部分将被纳入选区。但由于人物部分不够黑，因此可以尝试缩小容差，将人物部分彻底摒弃在选区之外。本例中，缩小颜色容差值，然后在背景上单击，此时单击位置周边变为了纯白，人物大致变为了黑色，效果如图 2-34 所示。

图 2-34

　　可以看到，人物眼睛、肩部等位置并不够黑，另外，左上、左下和右上几个位置的背景也没有变黑。这主要是因为"范围"参数设定过大，接下来适当缩小范围值，确保除单击位置之外，其他区域都是黑色的，如图 2-35 所示。当然，其他位置也可能并不是全黑的，但这不会影响大局。

图 2-35

　　之前介绍的魔棒工具等选区工具，设定容差确定选区后，就无法再更改了。如果要更改容差，必须将之前的选区取消，重新取色才可以实现。但在"色彩范围"对话框中，可以随时修改选区。

　　显然，我们需要选择的背景并不是只有右下角这一个位置，还需要将左上、左下和右上方这几个位置的背景纳入选区中。这时可以保持之前设定的参数（颜色容差值为 41，范围为 45%，这样的参数组合能够获得较好的选区效果），选择带"+"的吸管（添加到取样），在其他的背景位置单击，就可以将这些位置也添加到选区，如图 2-36 所示。

图 2-36

建立好选区之后，在"色彩范围"对话框中单击"确定"按钮返回软件主界面，会发现照片中的背景已经建立了选区。但此时的选区是针对背景的，而我们需要的是为人物建立选区，因此在"选择"菜单中选择"反选"选项，即可将人物选择出来。

最后按【Ctrl+J】组合键，即可将选区内的部分抽取出来，以单独的图层存放。单击背景图层前面的小眼睛图标，隐藏背景图层，就可以看到抠取出来的人物图层了，如图 2-37 所示。隐藏原背景后，此时的背景便是透明的，以方格显示。

图 2-37

通道与选区实战 ▶

1. 理解并掌握通道

在 Photoshop 等后期软件中，使用三原色进行色彩的计算和混合显示。打开一张图片，图层面板标签的右侧是通道标签。通道就是 Photoshop 软件用来记录色彩的工具，所以也经常被称为色彩通道。在 Photoshop 中打开色轮的照片，切换到"通道"标签，如图 2-38 所示。

一张普通的照片有 4 个通道，分别为 RGB 通道、红通道、绿通道和蓝通道。其中 RGB 为混合色通道，就是三原色经过混合后呈现出的图片最终色彩效果；其他三个通道则是单色通道。对比红通道的缩略图与工作区中的原图片可以发现，原图片中的红色区域在缩略图中呈浅色，纯粹的红色呈纯白，黄色、粉红这种含有一定比例红色的色彩则呈灰色。也就是说，红色比例越高的区域，白色的程度越高，红色比例越低，在红通道中越黑，到了青色区域，已经是纯黑了。绿色和蓝色通道也是如此。另外，黑色的背景部分在通道中也呈黑色。

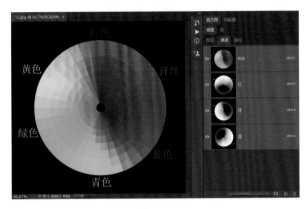

图 2-38

通道在数码后期中主要有两方面的应用：一是对不同通道的色彩进行调整；二是建立选区。打开图 2-39 所示的照片，切换到红通道，可以发现照片中红色系以及一些包含红色的像素都呈亮显状态，此时单击"将通道作为选区载入"按钮，就可以为这些亮显的像素建立选区。制作好选区后，再将 RGB 复合通道显示出来，就恢复了照片正常显示的状态。

图 2-39

与选区工具直接在照片上根据实际景物制作选区不同，利用通道制作选区，类似于用"色彩范围"制作选区，是查找照片中相似的色彩，将这些色彩的像素都选择出来。

2. 通道抠图

利用通道对色彩的表现能力，我们也可以用其来建立选区。打开图 2-40 所示的照片，可以发现背景不够漂亮，我们的计划是为人物建立选区，将人物抠取出来。先尝试使用了快速选择、魔棒或色彩范围等工具，但发现根本无法为人物的头发丝部位建立相对准确的选区；如果使用多边形套索工具来进行精确选中，那工作量就太大了，可能会花费几个小时才能把人物的头发丝都抠取出来。针对这种情况，使用通道工具就会容易许多。

在图层面板中切换到通道界面，分别选择红、绿、蓝通道，观察照片的变化情况，最终确定停留在人物与背景反差最大的绿色通道上，如图 2-41 所示。右击绿色通道，在弹出的菜单中选择"复制通道"选项，会复制出一个名为"绿拷贝"的通道，单击其他通道前面的小眼睛图标，隐藏其他通道，确保只选中"绿拷贝"通道。之所以要复制这样一个通道出来，是因为下一步的编辑将会在这个复制的通道上进行，如果针对原来的绿通道进行操作，将会改变原图。

图 2-40 图 2-41

打开"曲线"对话框，在该对话框中选择"目标选择和调整工具"，强化人物头发部位与背景的明暗反差度，这种反差越大越好，最好是调为彻底的黑白对比。但要注意，必须确保发梢部位不会变为死白一片，仍然保持发丝的纹理结构。调整后的效果如图 2-42 所示，然后单击"确定"按钮返回。

图 2-42

本例中，人物左下和右下的皮肤部分也变为纯白色了，无法看出边缘，如图 2-43 所示，无法涂抹为黑色，所以暂时先不处理人物。

单击选中 RGB 混合图层，然后切换回图层选项卡，此时在工作区中可以发现选区已经建立完成了。但却存在一些问题，如人物背部、胳膊等部位并没有建立准确的选区，如图 2-44 所示。

图 2-43

图 2-44

这时，结合多边形套索工具、快速选择工具，再设定"从选区减去"，将多选进来的人物胳膊及背部从选区中去掉（因为在复制的绿通道中，背景被调为了白色，这样选区就是为白色的背景建立的），如图 2-45 所示。

图 2-45

在原图中，选区是为背景建立的。如果要为人物建立选区，还应该在"选择"菜单中执行"反向"命令，或者按【Ctrl+Shift+I】组合键直接反向选择，这样就将选区由背景变为人物了。然后按【Ctrl+J】

组合键为选区内的人物复制一个图层出来，可以发现新的图层即为抠取出的人物，如图 2-46 所示。点击背景图层前的小眼睛，隐藏该图层，可以观察到人物抠取出来的效果。

图 2-46

通道抠图是一个令人又爱又恨的功能。利用这个功能可以非常快速、准确地将人物或其他主体从背景中扣取出来，实现其他选区工具无法实现的效果；或是在很短的时间里，替代其他选区工具实现看似工作量非常大的操作。但利用通道建立选区进行抠图时，有一个非常重要的前提条件，那就是头发丝部位所在的背景部分色彩比较单一。这样在通道中可以轻松找到某个通道，让头发丝部分的背景呈现白色，就很容易建立选区了。 而如果头发丝后的背景色彩非常杂乱，那就无法使用该功能了。

通常情况下，一些工作室在拍摄室内人像时，会选择干净的纯色背景来拍摄，就是为了方便将人物抠取出来，进行换背景的处理。

如果要保留抠图之后的效果，则可以删除背景图层，如图 2-47 所示。然后将照片保存为能够保存图层信息的 PSD、TIFF 或 PNG 格式，这样下次再打开照片时，人物仍然是抠取出来的状态。

图 2-47

选区核心操作：边缘调整 ▶

无论是使用色彩范围工具、魔棒工具，还是使用通道工具建立的选区，仔细观察可以发现，选区的边缘部分都是不够精确的。例如，利用通道抠取的主体人物，在头发丝部位漏掉了很多细微的发丝部分。要解决这类问题，可以在建立选区之后再使用其他选区工具将漏掉的部分补充进来，将多余的部分减掉，让选区更完美。操作方法很简单，只要使用"添加到选区"或"从选区减去"功能即可。

但是这里有一个问题，初次建立的选区，不够完美的边缘部分比较多，为了加快边缘调整的速度，可以在使用其他选区工具进行修补之前加一道至关重要的工序：使用"边缘调整"功能快速校正边缘。

Photoshop 版本不断更新，进行边缘调整的方式也有了一些变化。在 Photoshop CC 2018 及之后的版本中，建立选区后，要单击上方选项栏中的"选择并遮住"按钮，如图 2-48 所示。

图 2-48

这样可以进入边缘调整界面，如图 2-49 所示。

图 2-49

　　在该界面中，首先要调整的是视图模式。在"视图"后的下拉列表中有多种视图模式，经常使用的是"叠加"和"图层"。"叠加"模式会将选区之外的区域用某种颜色来遮挡；"图层"模式则是将选区内的人物部分单独提取出来，选区外的区域以空白显示。图 2-49 是以"叠加"模式显示的，选区之外的部分为黑色。

　　这时要进行调整，就需要在左侧的工具栏中选择"调整边缘画笔工具"  ，这个工具的功能非常强大，设定合适的画笔大小后，在边缘不够理想的位置按住鼠标左键拖动涂抹，软件就会自动检测线条的边缘，并将线条提取出来。在人物发丝边缘涂抹之后，可以看到多包含进来的背景色被消除了，抠取出来的发丝变得更加干净，如图 2-50 所示。

图 2-50

　　将鼠标指针移动到人物发丝的其他位置并进
行涂抹，将不够理想的发丝边缘也提取出来，如
图 2-51 所示。

图 2-51

如果有些区域明显不够准确，过多包含进来了背景，或是部分人物区域被排除在选区之外，那么可以选择"画笔工具"，设定"扩展检测边缘"或"恢复原始边缘"，然后进行擦拭调整。

本例中，人物头发顶部有些头发被排除掉了，因此选择"扩展检测边缘"，然后在人物头顶擦拭涂抹，将损失的头发追回，如图 2-52 所示。

图 2-52

在左侧的工具栏中选择"调整边缘画笔工具"，在人物头发顶部进行擦拭检测，将该部位的发丝更准确地抠取出来，然后单击"确定"按钮，如图 2-53 所示。

图 2-53

TIPS

　　使用"调整边缘画笔工具"对选区边缘进行调整非常直观、简单，并且效果也非常理想。实际上，还可以使用界面右侧的边缘检测、全局调整等参数组对选区边缘进行微调，这对于边缘比较硬朗的选区会有很好的效果，有兴趣的读者可以自行尝试。

按【Ctrl+J】组合键将选区内的人物提取出来，并存储为单独的图层，如图 2-54 所示。

图 2-54

　　边缘调整是非常重要的功能，特别是对于人像的抠图，边缘调整是必不可少且能够起到决定性作用的一个处理步骤。对于边缘调整，无法一蹴而就地掌握它的原理和操作技巧，但经过不断的抠图练习，相信大家一定能够掌握边缘调整的精髓，实现非常好的抠图效果。

 2.3 **图层与蒙版的综合应用**

蒙版概念 ▶

　　有人说蒙版是"蒙在照片上的板子"，其主要作用是显示或遮挡 Photoshop 中关联图层的内容或效果。白色蒙版显示内容或效果，黑色蒙版遮挡内容或效果，灰色蒙版显示部分内容或效果。

下面通过一个案例来演示蒙版的概念及用法，首先打开如图 2-55 所示的照片。

图 2-55

在"图层"面板中可以看到图层信息，这时单击"图层"面板底部的"创建图层蒙版"按钮 ，为图层添加一个蒙版，如图 2-56 所示。初次添加的蒙版为白色的空白缩览图。

图 2-56

将蒙版变为白色、灰色和黑色三个区域同时存在的样式，如图 2-57 所示。观察画面会看到，白色的区域就像一层透明的玻璃，覆盖在原始照片上；黑色的区域相当于用橡皮擦彻底将像素擦除掉，露出下方空白的背景；而灰色的区域处于半透明状态。这与使用橡皮擦直接擦除右侧区域、降低透明度擦除中间区域所能实现的画面效果是完全一样的，并且从图层缩览图中可以看到，原始照片缩览图并没有发生变化，将蒙版删掉，依然可以看到完整的照片，这也是蒙版的强大之处，它就像一块虚拟的橡皮擦一样。

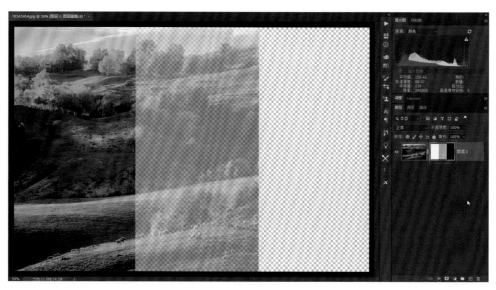

图 2-57

如果对蒙版制作一个从纯黑到纯白的渐变，那么蒙版缩览图如图 2-58 所示。可以看到，照片变为从完全透明到完全不透明的平滑过渡状态，从蒙版缩览图中看，黑色完全遮挡了当前的照片像素，白色完全不影响照片像素，而灰色则会让照片处于半透明状态。

图 2-58

TIPS ⎯ ⎯ □ □ ×

对于蒙版所在的图层而言，白色用于显示，黑色用于遮挡，灰色则会让显示的部分处于半透明状态。后续在使用调整图层时，蒙版的这种特性会非常直观。

　　下面来看蒙版与选区的一种相互关系。有人可能听过这样的说法——蒙版也是选区，其实经过前面的学习，我们也能够想象到，如果利用选区在蒙版内填充黑色，那么选区内的部分就会变为透明状态，相当于将选区内的照片像素擦拭掉了，当然这只是虚拟的擦拭。下面通过具体的案例来验证蒙版与选区的关系。

　　首先打开如图 2-59 所示的照片。

图 2-59

使用"快速选择工具"为地景建立选区，如图 2-60 所示。

图 2-60

　　之后单击图层面板底部的"创建图层蒙版"按钮，这样可以为选区内的景物建立蒙版。从蒙版的角度来说，白色用于显示，黑色用于遮挡，那么地景部分就会显示，天空部分会被遮挡，这样就将选区转换为了蒙版，如图2-61所示。

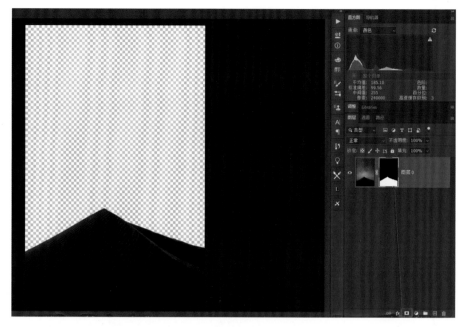

图2-61

　　要从蒙版返回选区也很简单，只要右击蒙版图标，在弹出的菜单中选择"添加蒙版到选区"选项，如图2-62所示，就可以为照片再次建立选区，如图2-63所示。

图2-62

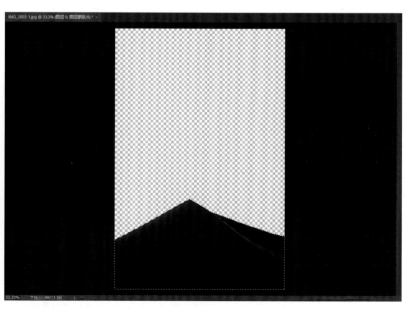

图2-63

当然，也可以直接按【Ctrl】键并单击蒙版，将蒙版载入选区。

蒙版在摄影后期的应用 ▶

下面通过一个案例来介绍蒙版在摄影后期的典型应用。

首先打开如图 2-64 所示的原始照片，对照片整体的明暗及色彩进行调整之后，可以看到照片的天空明暗非常不均，我们的目的是借助蒙版对天空明暗不均的问题进行一定的修复。

图 2-64

首先按【Ctrl+J】组合键复制一个图层出来，如图 2-65 所示。

然后降低所复制的图层的亮度，具体实现时，使用曲线功能。在曲线上单击创建一个锚点，按住鼠标左键将锚点向下拖动，这样就降低了复制图层的亮度，如图 2-66 所示。

图 2-65

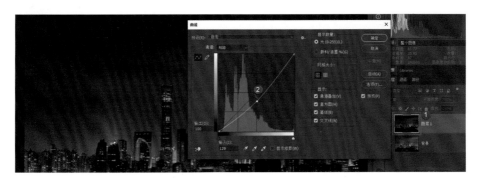

图 2-66

这时单击图层面板底部的"创建图层蒙版"按钮，可以为上方新创建的图层建立一个蒙版。白色的蒙版不会对画面产生任何影响，如图2-67所示。

选中蒙版之后，按【Ctrl+I】组合键对蒙版进行反向操作，让白蒙版变为黑蒙版，根据黑色遮挡的原理，黑蒙版就相当于将照片亮度降低的效果遮挡了起来，如图2-68所示。

图 2-67

图 2-68

接下来将天空中需要压暗的位置用白色画笔涂抹，当这部分的蒙版变白后，就会显示出压暗图层的对应部分，就实现了天空明暗层次的修饰。

在进行摄影后期处理时，往往没有必要先复制图层，调整之后再建立图层蒙版，这样比较麻烦。实际上，只要打开照片后，直接单击调整面板中的"创建新的曲线调整图层"按钮，如图2-69所示，或是单击图层面板底部的"创建新的填充或调整图层"按钮，在打开的列表中选择"曲线"选项，就可以创建曲线调整图层了，如图2-70所示。

此时可以看到图层面板中建立了曲线调整的蒙版，并打开了曲线调整面板。

在调整面板中向下拖拉曲线降低画面亮度，如图2-71所示。

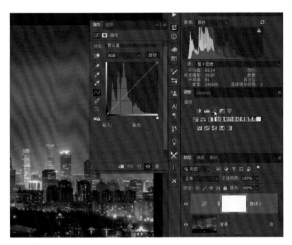
图 2-69

图 2-70

图 2-71

　　然后单击选中蒙版图标，按【Ctrl+I】组合键对蒙版进行反相变黑操作，将处理的效果遮挡起来，如图 2-72 所示。然后在工具栏中选择"画笔工具"，因为此时的蒙版是黑色的，要显示这些部分就需要使用白色画笔将这些部分涂白，所以将前景色设为白色，然后适当缩小画笔直径，将不透明度尽量降低，在天空中比较亮的位置轻轻涂抹，这样就将之前降低亮度的效果显示了出来，涂抹的部分就会变暗。

TIPS

　　如果画笔的不透明度设定得非常高，那么涂抹时的痕迹就会非常重，与未涂抹区域的过渡就不够自然。所以通常情况下要设定得尽量低一些，如 15% 左右，这样涂抹时的痕迹会非常轻，过渡也很自然。如果有些区域要大幅度变暗，那么可以用画笔在该位置多涂抹几次。

图 2-72

最后可以对比一下调整前后的天空变化，原图中天空亮度不匀，显得有些乱，如图 2-73 所示。
调整之后的天空明暗变得更加均匀，显得干净了很多，如图 2-74 所示。

图 2-73

图 2-74

03
CHAPTER

数码后期第一步：
直方图与明暗 ▾

　　要想真正掌握数码后期技术，就应该从最基本的照片明暗、色彩控制原理开始学习。接下来的内容将带领你真正进入数码后期的学习之旅，让你知道照片的明暗影调怎样才算合理，怎样才能让明暗不合理的照片变得漂亮起来，而直方图是控制照片明暗影调的核心。

　　本章将从介绍直方图的基本概念开始，进而讲解直方图在后期软件中的应用，包括利用色阶、曲线等手段对直方图进行调整。

3.1 照片明暗与直方图的对应关系

　　我们看照片时，明暗是最直观的因素之一。我们会关注照片中最亮的区域、一般亮的区域和暗部区域，如果一张照片只有非常亮的像素而没有暗部像素，或是只有较暗的像素而没有亮部像素，那么它给人的视觉感受肯定是不舒服的。一般情况下，我们用明暗层次来描述照片中像素从亮部到暗部区域的分布情况，只有明暗层次合理的照片才会好看，才会给人舒服的感觉。

　　照片上暗部的像素属于暗部区域，亮部的像素属于亮部区域，介于暗部区域和亮部区域之间的大部分像素属于灰调区域。这个灰调区域是非常重要的，它用于表现照片大部分的细节，并可以在暗部区域和亮部区域之间形成平滑的过渡，这样照片的明暗层次才会丰富。

　　实际情况是不是这样呢？图 3-1 左上的照片，暗部和亮部像素非常明显，画面中只剩下纯黑和纯白像素，中间的灰调区域几乎没有，还能说这是一张照片吗？恐怕只能说这是一幅图像了，因为连最起码的细节和层次都丢失了。而右下的照片，除了黑色和白色之外，在人物面部的背光一侧及背景的中间部分出现了一些灰色的像素，这样的画面虽然依旧缺乏大量细节，并且层次过渡不够平滑，但相对左上的照片却好了很多。

图 3-1

　　再来看图 3-2 显示的另外一种效果。该照片中，亮部区域没有那么白，而是呈现出了更多的细节；暗部区域也不是纯黑，变得稍微亮了一点，也呈现出了许多暗部细节；照片大部分的像素集中在灰调区域，并且灰调区域的明暗层次过渡是很平滑自然的。这样，这张照片就可以被称为一张成功的人像摄影作品了。

图 3-2

从上面的例子中可以学到一个知识：照片的明暗层次应该是从暗到亮平滑过渡的，不能为了追求高对比的视觉冲击力而让照片损失大量中间灰调的细节。在摄影领域（无论是前期拍摄还是后期处理），照片的明暗层次主要用"动态范围"来描述，"动态范围"指的是图像所包含的从"最暗"至"最亮"的明暗层次。

下面通过一张有意思的示意图来对前面的知识进行总结。图 3-3 中的第一行，只有纯黑和纯白两个级别的明暗层次，称为"2 级动态"，这与图 3-1 左上图中只有纯黑和纯白两种像素的画面效果对应起来了；第 2~4 行，除纯黑和纯白之外，还有灰调进行过渡，这就与图 3-1 右下图的效果对应起来了；而第 5 行，从纯黑到纯白之间有 256 级动态，并且逐级变亮，明暗层次的过渡非常平滑，这就与图 3-2 所示的照片对应起来了。

 ![2级动态]	2 级动态，即画面只有 2 个明暗影调层次，纯黑色为 0 级亮度，纯白色为 255 级亮度。此处没有中间亮度区域过渡
![3级动态]	3 级动态，画面只有 3 个明暗层次，分别为 0 级亮度、中间的 128 级亮度和 255 级亮度
 ![5级动态]	5 级动态，画面只有 5 个明暗层次
 ![7级动态]	7 级动态，画面只有 7 个明暗层次
 ![256级动态]	256 级动态，画面的明暗影调层次有 256 个，已经可以平滑过渡了。这就是通常所说的层次丰富，过渡平滑

图 3-3

在摄影领域，无论是用相机回放看照片（图3-4），还是在后期软件中处理照片的明暗层次过渡，主要都是借助直方图来观察照片的明暗影调。

下面通过几个图像与其直方图的对应关系，来讲解直方图的构成原理。首先打开如图 3-5 所示的图片，有从黑到白 8 个级别的明暗层次。

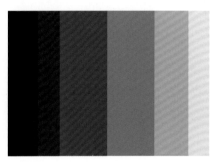

图 3-4   图 3-5

将这张图片在 Photoshop 中打开，可以看到不同亮度对应的直方图位置，如图 3-6 所示。最左侧对应的是纯黑，逐渐向右到最右侧为纯白，形成了一个柱状分布图。

不同柱体的宽度，对应的是不同亮度像素的多少。从图中可以看到，纯黑和纯白的像素数量较少，柱体的宽度也较窄，中间灰色的部分像素较多，柱体也更宽。

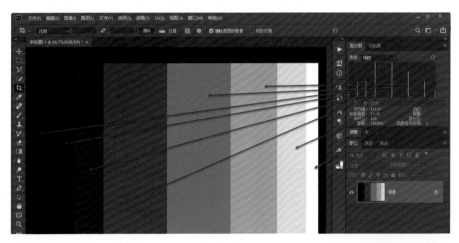

图 3-6

再打开如图 3-7 所示的图片，图片从黑到白有丰富的层次过渡。

将其载入 Photoshop 中，可以看到直方图已经变为平滑过渡的状态，成了一个正常的直方图，如图 3-8 所示。

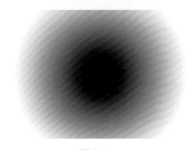

图 3-7

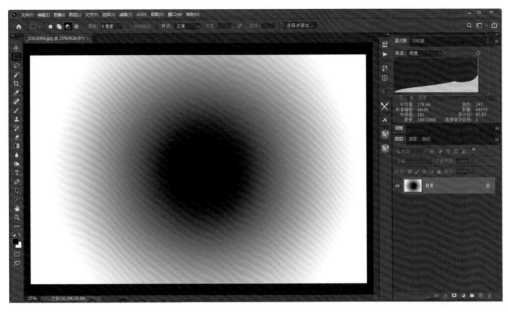

图 3-8

当前是彩色摄影的时代，那么彩色照片是否也能套用这种明暗层次变化的规律呢？答案是肯定的。随便打开一张彩色的照片，就会发现色彩也是有明暗的。比如，打开图 3-9 这张照片，除了近乎黑色的树木与白色的水花区域外，还有深浅不一的蓝色天空、青色的水面、灰褐色的岩石等，这些区域就是展现画面大量细节的灰调像素区域，它们占据了照片的绝大部分面积。岩石的灰褐色、水面的青色、天空的蓝色也都是有明有暗的，形成了灰调区域平滑过渡的层次。

图 3-9

通常情况下，我们会用动态范围的大小来描述一张照片的层次或相机的成像能力。所谓动态范围大，是指照片即便在最暗的区域，也不会变为纯黑，因为纯黑无法呈现任何细节；在最亮的区域，也不会变为纯白，因为纯白也无法呈现任何细节。如果我们拍摄的照片暗部全黑了，就称为"暗部溢出"，而亮部变成纯白，则称为"高光溢出"。

一般情况下，越高档的相机，其动态范围越大。如果相机的动态范围比较大，但在后期处理照片时将其处理得很小，如损失了大量暗部和亮部细节，或是中间调的过渡不够平滑，就表示修片是失败的。

3.2 学会看图：直方图的应用

直方图界面配置 ▶

打开一张照片，从视觉上观察，照片的亮度、影调都还不错，那么它究竟是不是一张影调、细节、层次都合理的照片呢？在不同的显示器上，即使是同一张照片，所呈现的亮度也是不一致的，因此如果需要正确地评估，就应该参照直方图做出判断。

Photoshop 主界面的右上角有一个"直方图"面板，默认显示的是彩色的直方图，如图 3-10 所示。由于色彩很繁杂，因此一般只看单色直方图。单击"直方图"面板右侧的下拉菜单按钮，在弹出的快捷菜单中选择"扩展视图"选项，可以看到此时直方图下方显示了很多参数。选择"通道"为"明度"，则"直方图"面板中就只显示明暗影调的直方图，而避开了颜色。在后期调整过程中，主要看明度直方图即可，如图 3-11 所示。

图 3-10

图 3-11

图 3-11 所示的直方图配置，是最适合进行照片的后期处理的。

正常影调的直方图 ▶

图 3-12 中的郁金香照片，根据直方图显示，其影调、亮度、细节、层次都十分标准。

图 3-12

这个标准是怎么得来的，或者说是怎样评估的呢？直方图的左边代表照片的暗部，右边代表照片的亮部，最暗部（即纯黑处）以 0 表示，最亮部（即纯白处）以 255 表示，这张照片从纯黑的 0 到纯白的 255 全部分布了像素，并且没有出现局部区域像素过少或过多的情况，分布比较均匀。这意味着这张照片是全影调的，中间没有任何断层和跳跃，过渡平滑。并且，在直方图的最暗和最亮位置，并没有丢失细节。标准的直方图像素分布是，左右两侧的边线"触墙不爬墙"，也就是说，如果把直方图的最左边与最右边都看作一堵"墙"，那么像素既要分布到"墙"的边缘，接触到"墙"，又不能爬上"墙"（溢出）。如果像素在左边"爬上了墙"，就意味着最暗的像素变为了纯黑，丢失了细节；如果像素在右边"爬上了墙"，就意味着最亮的像素变为了纯白。因此，一张影调正常的照片，它的直方图应做到"触墙不爬墙"。

如果在修片过程中将直方图的暗部或亮部调成"爬墙"状态，那就意味着这张照片的暗部或亮部细节有严重的丢失，属于不合格的照片，至少达不到高品质的要求。如图 3-13 所示，左上图暗部"爬墙"，表示暗部有细节损失；右下图亮部"爬墙"，表示高光溢出。对比之下，就知道图 3-12 的照片是理想的影调效果了，并且其直方图也是正常的。

图 3-13

产生"爬墙"现象的原因，可能是为了追求图片的通透度，在没有掌握正确的方法、没有参照直方图状态的情况下去调整"亮度 / 对比度""曲线""色阶"，盲目地提高对比度以追求强烈的视觉效果，这些都会导致"爬墙"现象的产生。所以在调整任何照片的时候都应参照直方图，在直方图的指导下做出合理的评估判断，再加上合理的手法，把直方图控制到位。

至此，我们已经初步学习了直方图知识，但还有几个疑问。

（1）在 Photoshop 主界面右上方的直方图中，RGB 直方图也是单色显示的，为什么选择使用明度直方图？

（2）"色阶"对话框中的直方图是明度直方图还是 RGB 直方图？

（3）在"直方图"面板中，还应该关注哪些重要的信息？

下面就逐一为大家解答。

1. 为何使用明度直方图

RGB 直方图是由红色直方图、绿色直方图和蓝色直方图对应位置的三种单色像素相加，然后再除以 3 得出的。例如，如果红色直方图暗部溢出变为纯黑，那么体现在 RGB 直方图上的最终结果就是左侧溢出，但实际情况是绿色和蓝色并没有溢出，此处没有完全黑掉，所以这种直方图并不能准确反映照片曝光的问题。这种 RGB 直方图左侧或右侧"爬墙"的后果不是很严重，细节也没有完全丢失，所以参考意义不大。

明度直方图则是针对曝光进行呈现的，除非是 R、G、B 三种颜色在暗部或亮部均溢出了，即变为纯黑或纯白，否则明度直方图是不会"爬墙"的。通过图 3-14 所示的三种直方图的对比，就可以清晰地看出原因。关键在于照片最暗的区域中蓝色损失了细节，从颜色直方图中可以看到蓝色出现了"爬墙"；与之对应的 RGB 直方图在暗部也出现了"爬墙"现象，从这个角度看，RGB 直方图无法直观地反应曝光问题。虽然蓝色出现了细节丢失现象，但这一位置的画面并没有完全黑掉，仍有其他颜色的细节，也就是说，此处只有蓝色曝光不足，但整体没有曝光不足。

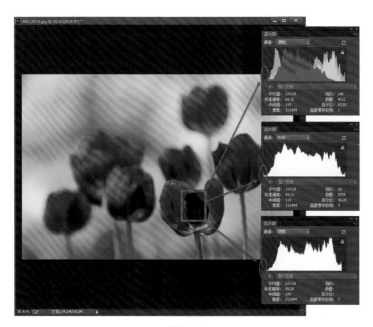

图 3-14

2. "色阶"对话框中的直方图

这个问题很简单，在"图像"→"调整"菜单中选择"色阶"选项，打开"色阶"对话框，可以清楚地看到显示的是 RGB 直方图，该直方图经常用于调整 R、G、B 三种色彩的细节表现力。

3. 直方图中的重要信息

图 3-15 所示为郁金香花照片的直方图，下面针对该直方图来解释一下相关参数的含义，希望能对读者有所帮助。

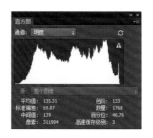

图 3-15

平均值：平均值越高，照片整体越偏亮，以 128 为中间值。此照片的亮度平均值为 135，说明照片整体偏亮一点。

标准偏差：标准偏差是统计学概念，计算公式比较复杂，在此不做讨论。大家只需要知道，标准偏差越大，画面对比度越高；标准偏差越小，画面对比度越低。

中间值：单个像素的亮度也是介于0~255的，因为从纯黑到纯白只有256级亮度。将每个像素的亮度都统计出来，从小到大排列后，在中间的亮度值即为中间值（如果有偶数个像素，就有两个位于中间的数值，取前面的一个）。举个例子，如果一个班级有45个学生考试，排出名次后第23名的成绩就是中间值；如果有46个学生，那么中间就有第23和第24两名学生，取第23名的成绩为中间值。中间值的意义在于从侧面反映画面的整体亮度，不过没有平均值准确。

像素：就是照片的总像素数量，即长边像素数量×短边像素数量。

色阶：将光标放在直方图上时，光标在256级色阶中的位置。例如，本图中就将光标定位在了第133级色阶上。移走光标，则此处为空。

数量：表示光标所在位置的像素数量。

百分位：表示光标所在位置对应亮度的像素数量占照片总像素数量的百分比。

高速缓存级别（直方图波形右上角的三角叹号标记）：当使用高速缓存时，当前显示的直方图并不是照片的真实直方图，只有关闭高速缓存（单击三角叹号标记），才会显示当前照片的真实直方图。

因为Photoshop在处理照片的过程中需要提高运算速度，所以设置了高速缓存的概念。那么，带有高速缓存数据的直方图和不带高速缓存数据的直方图有什么区别呢？主要区别在于数据的准确性和处理速度的提升方面，带有高速缓存数据的直方图处理速度相对快一些，但是数据不准确；不带高速缓存数据的直方图参数更准确，但是处理速度相对较慢。

开启高速缓存时，Photoshop是模拟计算，并不是以最准确的数据来计算的。关闭高速缓存后，除了数据发生变化外，直方图也会有轻微的改变，此时的直方图是最准确的，数据也是最准确的，是实时显示的当前照片的直方图。

一般来说，应该设置较高的缓存级别，在默认的高速缓存级别下进行图片的调整，以提升处理速度。但是，高速缓存级别也不能设置得过大，否则显示的直方图与照片实际直方图的差别就太大了。

那么，在哪里设置高速缓存级别呢？在菜单栏中的"编辑"→"首选项"菜单中选择"性能"选项，打开"首选项"对话框，在"历史记录与高速缓存"选项组中可以设置"高速缓存级别"，如图3-16所示。高速缓存级别最高可以设置为8，设置得越高，"直方图"面板中显示的像素就越小，直方图也就越不准确。在"直方图"面板中，只有当照片处理即将结束，需要观察最准确的直方图时，才有必要关闭高速缓存。

图3-16

需要将鼠标指针放在直方图最左侧或最右侧，观察具体在哪级色阶的位置开始出现像素。一般情况下，确保在色阶值在 5 左右有像素即可，如果色阶值超过 5 还没有像素出现，那就表示照片可能缺乏暗部像素；对于亮部，只要确保色阶值在 235 左右有像素即可，如果色阶值在接近 235 时还没有出现像素，那就表示照片缺乏亮部像素。

正常的直方图类型 ▶

学会分析直方图之后，就可以慢慢地对一些常见的直方图进行分类了。

1. 正常的直方图

像素从最暗处到最亮处均有分布，且左右两侧都是"触墙不爬墙"的状态。这种直方图对应的照片的影调、亮度、细节、层次都比较理想，这就是通常所说的正常类型的直方图，如图 3-17 所示。

图 3-17

2. 右坡型直方图

从图 3-18 所示的直方图中可以看出，此时照片整体的像素都集中在右侧，左侧像素分布很少，从照片上也可以直观地感受到，这张照片严重曝光过度。这种大部分像素都集中在右侧，且高光"爬墙"的直方图，就属于曝光过度。

图 3-18

3. 左坡型直方图

图 3-19 所示的直方图状态与图 3-18 恰好相反，它的高光处没有像素分布，像素主要集中在左侧，且暗部"爬墙"，由于高光和中间调部分的像素都很少，因此属于曝光不足。从画面中也可以感受到，照片的亮度不够。

图 3-19

4. 孤峰型直方图

从图 3-20 所示的直方图中可以看出，此时照片的最暗部没有分布像素，高光处也没有分布像素，像素主要集中在中间调部分，这就意味着照片的对比度不足。当然，不同程度的对比度不足的照片，它们所呈现的直方图是不一致的。

图 3-20

5. 凹槽型直方图

图 3-21 所示的照片状态，对比度过大，天空中的云层出现死白，其他区域则变为死黑。在它的直方图中可以看到，高光处"爬墙"，暗部也"爬墙"，可见，这是一幅对比度过大的直方图。

图 3-21

　　摄影实拍中，大逆光比拍摄朝霞和晚霞时出现的剪影状态，其直方图就属于这种凹槽型直方图。那么遇到这种问题时，应如何解决呢？最好的方法就是拍摄 RAW 格式照片，后期根据自己的需要来确定是否要改善或保留这种反差。要获得高品质的照片，就必须拍摄 RAW 格式的照片，因为 RAW 格式拥有更大的宽容度，很多时候都能够尽可能恢复照片中的高光和暗部细节。

重点来了：不正常却合理的照片 ▶

　　学会了分析直方图，就能判断出照片的明暗影调层次是否正确。不过，有些在特殊场景中拍摄的照片，虽然直方图显示有问题，但照片依然是成功的。

1. 低调摄影作品

　　来看图 3-22 所示的照片和直方图。如果仅从直方图来判断，则属于严重左坡型直方图，即照片暗部细节损失严重，是严重曝光不足的照片。但我们依然不能说这张照片就彻底失败了，因为拍摄环境是有特殊性的。这是在颐和园拍摄的夜景照片，采用了剪影的手法来表现，人物及地面都彻底黑了下来，虽然直方图左侧是"触墙且爬墙"，但我们依然说画面是没问题的。如果是白天的剪影照片，那么天空可能会存在一定的过曝，但由于是在夜晚，因此天空的亮度比较正常，最终来看是一种低调的画面效果。

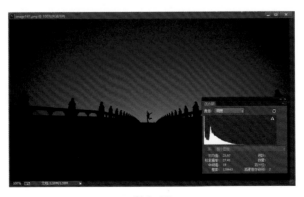

图 3-22

所谓低调摄影作品，是用以黑色为主的深色
区域来构筑画面整体的层次，黑色几乎占据画面
的全部区域，而浅色调的色彩仅仅作为点缀。这
样可以使画面形成一种强烈的影调对比，可以表
现出神秘、深沉、危险或高贵等复杂的情绪。

无论是风光还是人像，低调摄影作品都能表
现出一种非常具有艺术气息的画面，情绪感染力
很强。图 3-23 所示为一幅低调人像摄影作品，
从直方图判断照片的明暗影调层次是有问题的，
但如果从创作目的及画面效果来看，依然是一幅
成功的摄影作品。

图 3-23

2. 高调摄影作品

高调摄影作品与低调摄影作品一样，也是由黑白胶片摄影时代延伸到彩色摄影时代的一个概念。
高调摄影作品的画面由浅色调（主要是白色和浅灰的色彩层次）构成，几乎占据画面的全部，少量
深色调的色彩只作为很小的点缀出现。这种摄影作品能够表现出轻松、舒适、愉快的感觉。

反映在直方图上，高调摄影作品的像素大部分都集中在亮部色阶区域，如图 3-24 所示。这种
画面从直方图来判断是曝光过度的，但从作品创作目的及实际拍摄场景来看，又是合理的照片效果。

图 3-24

图 3-25 所示为一幅高调人像照片及其直方图。

图 3-25

3. 低反差灰调直方图

再来看图 3-26 所示的照片和直方图。从直方图分布来看，这张照片的像素主要集中在直方图的中间调部分，暗部与亮部像素很少，而到最暗与最亮的区域，则没有像素分布。如果按正常影调直方图"触墙不爬墙"的标准来分析这张照片，那么这张照片的孤峰型直方图肯定是不理想的，对比度太低了。但观察照片却发现效果还是不错的，非常漂亮，具有梦幻般的美感。雨雾天气的摄影作品经常会出现此类直方图。

图 3-26

分析这类虽然具有孤峰型直方图，但效果却很棒的照片，我们大约可以得出这样几个结论。

（1）这些画面的反差都非常小，像素大多只分布在直方图的中间部分，直方图的暗部与高光部分几乎都没有像素分布。

（2）画面都非常简洁、唯美，具有一定的艺术感。

（3）这类照片大多不是在直射光线的条件下拍摄的，也就是说，要想获得这种效果，就不能在阳光明媚的场景中拍摄，而应该在阴雨天、雾天或低反差的环境中拍摄，这样才能为后期制作打下良好的基础。

通常情况下，当遇到这种低反差的照片时，可以通过调整"曲线"或"色阶"来加大对比度，使画面变得更加通透。但是图3-26所示的这种影调的摄影作品却不能这样处理，其处理的思路应该是这样的：进一步降低反差，使色阶只出现在直方图的中间部分，避开抢眼的高光和浓重的阴影，从而获得丰富的细节与层次，使画面影调平滑、反差柔和、质感细腻；通过后期的简化处理，去除画面中一些杂乱的、分散注意力的多余物体，使画面更加唯美和简约。

这种虽具有孤峰直方图，却很唯美的照片，可以称为"灰调摄影作品"。灰调摄影作品属于特殊的影调风格，它的直方图只有这样分布才是合理的，所以不能以正常的影调去评价灰调摄影作品的直方图。当然，并不是像素只分布在直方图中间的照片都是灰调摄影作品，有很多作品反差确实很低，但是画面很杂乱，影调也很平淡，毫无艺术感可言，那么这种照片就称不上灰调摄影作品了。

4. 高反差直方图

高反差摄影作品的直方图与灰调摄影作品的正好相反，是凹槽型的。在很多情况下，这种直方图的暗部和高光都可能会"触墙且爬墙"。

剪影照片就属于高反差摄影作品。剪影照片的直方图有多种形态，可能是左右两侧均出现了像素溢出现象，也有可能如图3-27所示的效果，直方图只有左侧出现了"爬墙"现象，即暗部像素溢出。当然，还有可能是两侧都没有溢出。

图3-27

在拍摄日出或日落时分的剪影时，没必要呈现太多暗部细节，否则画面就会显得很杂乱，所以即使暗部出现了像素溢出，照片仍然是成功的。

3.3　色阶调整

从直方图面板到色阶调整 ▶

打开图 3-28 所示的照片，在"直方图"面板中关闭高速缓存，查看直方图，发现照片对比度不足，感觉灰蒙蒙的。在学习本章内容之前，读者可能是凭着感觉去调整这种照片的，比如会多次提高亮度/对比度，让照片变得通透起来，所以很容易导致直方图出现高光及暗部均溢出的现象。

面对这种照片，最正确也最简单的方法，是通过"色阶"工具对直方图进行调整。在图层面板底部单击"创建新的填充或调整图层"按钮，打开快捷菜单，在其中选择"色阶"选项，如图 3-28 所示。

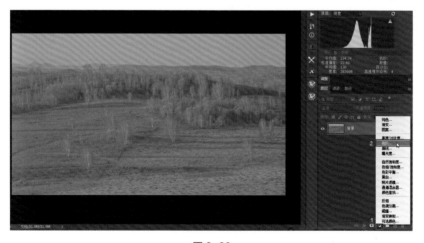

图 3-28

这样即可创建曲线调整图层，并打开"色阶"调整面板，如图 3-29 所示。在"色阶"面板中也有一个直方图，从中可以看到这张照片的对比度不够，像素主要集中在中间区域。首先调整白场，向左拖动高光滑块，让高光部位有像素，即让照片的亮部变得更亮。那么，调整到什么位置才算合适呢？这时就要查看 Photoshop 界面中"直方图"面板中的直方图，当滑块调整至直方图中高光接触到右侧边线时才是合理的，即"触墙不爬墙"。其次调整黑场，在"色阶"对话框中向右拖动低调滑块，即让原照片中偏暗的部分更暗。调整的程度是观察 Photoshop 界面中"直方图"面板中的直方图，确保直方图暗部接触到左侧边线，也要做到"触墙不爬墙"。

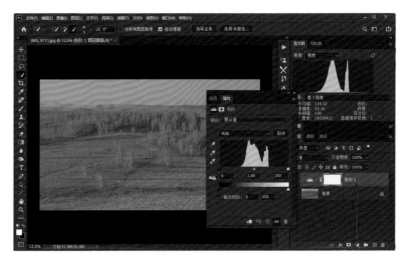

图 3-29

经过这样的调整，就确保了照片的色阶从最黑的 0 级到最白的 255 级都有分布。此时再观察照片，可以发现对比度明显变好了，如图 3-30 所示。

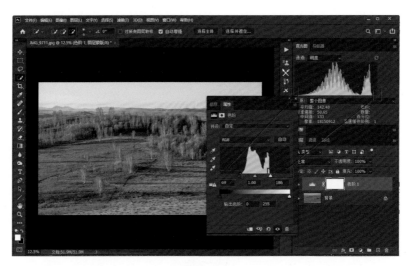

图 3-30

白场和黑场调整到位后就要调整中间调，中间调决定了照片整体的明暗走向。中间调滑块位于偏左位置时，照片整体偏亮；位于偏右位置时，照片偏暗。这时只能靠着自己的视觉感受进行调整，因此中间调的控制与屏幕的准确率有极大的关系，如果显示器经过了专业校准，就可以比较合理地掌握整张图片的中间调，否则很有可能是在盲目地调整。现在将中间调滑块调整到 0.8，感觉照片的效果比较理想，然后单击"确定"按钮，就完成了直方图的基本调整，如图 3-31 所示。

图 3-31

上述利用直方图进行影调调整的方法，是无法追回 JPEG 照片中已经损失掉的细节的。例如，如果照片的高光部分已经溢出，变为死白一片，那么是无法通过调整"色阶"对话框中的高光滑块进行修复的；同理，如果暗部已经溢出，那么表示照片的暗部已经变为死黑，同样无法进行修复。

另外，这种对色阶图进行的基本调整，只是对照片整体影调的处理，在实际应用中，是无法满足对影像进行精细控制的要求的。本书的第 8 章将全面、详细地介绍照片局部影调调整的思路、方法和技巧，当前只要将本章介绍的内容都理解了，并学会使用色阶调整功能调整照片的影调就足够了。

针对特殊影调照片的调整 ▶

一些特殊影调的照片，从直方图来看肯定是不合理的。例如，对于低调摄影作品来说，大多数像素集中在暗部区域,那么这个暗部区域有一个具体的标准吗？是大多数像素集中在0~128级色阶，还是集中在 0~100 级呢？

其实，即使是低调摄影作品，其直方图也是有一个大概标准的。亮部区域的像素较少，这没有问题，但像素至少应分布到 230 色阶值左右，如果色阶值还没有达到 230，高光区域就没有像素分布了，那么照片给人的感觉就不够通透。下面通过具体的照片进行说明，如图 3-32 所示。

图 3-32

　　首先看图中红线框内的信息：色阶在 138 级时，仍然没有亮部像素出现。再看照片效果，虽然是低调摄影作品，但画面显得过于沉闷、不够通透。面对这种情况该怎么办呢？其实很简单，只要打开"色阶"对话框，在其中向左拖动高光滑块，并随时观察"直方图"面板内的像素分布情况即可。关闭高速缓存，将鼠标指针放在直方图最右侧的像素上，当色阶值在 230 左右出现了像素时，即可完成调整，如图 3-33 所示。此时再观察照片画面，是不是变得通透了很多呢？虽然依然是低调摄影作品，但照片不再让人感觉沉闷压抑了。

图 3-33

　　上面介绍了判断低调摄影作品的直方图的一个关键标准。其实高调摄影作品也同样如此，其直方图也是有评判标准的。对于高调摄影作品来说，如果暗部严重缺乏像素，那么照片看起来亮度过高，会给人刺眼的感觉。对于高调摄影作品，要确保暗部色阶值在 20 左右的位置有像素分布，否则画面的暗部不够黑。打开图 3-34 所示的照片，并将直方图设定为"明度"通道，关闭高速缓存。虽然照片乍一看很亮，但给人的视觉感受还是不错的，为什么会这样呢？观察照片的直方图可以看到，正好在色阶值为 20 的位置出现了像素，所以照片没有给人不舒服的感觉。

图 3-34

如果暗部色阶值在 20 左右没有像素出现，就要在色阶图中向右移动低调滑块，并同时观察"直方图"面板中明度直方图的变化情况。相信大家已经掌握了这一调整技巧，这里就不再赘述了。

在对高调或低调摄影作品进行修饰和校正时，通常情况下并不是只对相应的高光和低调滑块进行调整。很多时候还需要反复调整中间调滑块，以使照片看起来协调自然。

3.4 曲线调整

理解曲线 ▶

在 Photoshop 甚至整个数码照片后期领域，曲线都是大家频繁听到的名词，它不仅可以控制照片的亮度、对比度、影调层次，还可以控制照片中所有的色彩。另外，曲线还可以精细地调整照片的局部影调。下面就介绍利用曲线进行照片明暗影调调整的技巧。

在 Photoshop 中打开一张照片后，可以创建曲线调整图层，并打开曲线调整面板，如图 3-35 所示。

图 3-35

现在来看"曲线"对话框，中间显示了所打开照片的直方图（如果在对话框底部取消选中"直方图"复选框，则不会显示中间的直方图）；直方图上有一条45°的斜线，在这条线上的任意一个位置单击鼠标，就会产生一个锚点，这个点对应一个坐标值，如图3-36左图所示。锚点处的输入为90，输出也为90。这是什么意思呢？在曲线图中，输入是指原照片的亮度值，输出则是指照片被处理后的亮度值。这里只是打开了照片，还没有处理，所以输入和输出是一样的（对亮度值的描述前面已经讲解过了，由0~255表示，纯黑色是0，纯白色是255）。

用鼠标点住该锚点并向上拖动，就会发现斜线变为了弧形的曲线，坐标值也发生了相应的变化（输入x为90；输出y为157），如图3-36右图所示。此时已经对照片进行了调整，输入没变，但输出变为了157。这表示原照片亮度为90的像素，此时已经变为了157的亮度。

图3-36

照片明显变亮了，这从照片调整前后的效果对比中也能看得出来，如图3-37所示。

图3-37

也就是说，在曲线上的任何一个锚点，如果y（输出）比x（输入）大，则说明对照片的对应位置进行了提亮处理；反之，则说明对照片的对应位置进行了压暗处理。

再来看图3-38所示的调整。向下拖动锚点，可以发现输出为50，小于输入为90的亮度，从照片调整后的效果看，也是变暗了。

图 3-38

　　无论是向上调整曲线让照片变亮，还是向下调整曲线让照片变暗，观察曲线时都可以发现，变化最大的始终是中间的部分，即对应的中间灰调。而曲线左下角对应的画面最暗部、曲线右上角对应的画面高光区域，这两个区域的变化幅度是较小的，这样有一个好处，就是不容易让暗部和高光部位出现像素损失的问题。例如，在图 3-38 所示的曲线中，向下拖动曲线让照片变暗，如果左下角曲线变化幅度过大，那么暗部可能就变为纯黑了，较小的变化幅度则可以避免这种情况发生；同样地，在调亮照片时也可以避免高光部位出现溢出的问题。

　　也就是说，在避免因暗部过暗和亮部过亮而出现像素损失的前提下，可以尽量放开中间调去调整。具体调整时，只要向上或向下拖动锚点就可以让照片变亮或变暗了。打开曲线后，如果在曲线下半段的中间部分打一个锚点，在曲线上半段的中间部分也打一个锚点，然后分别向下和向上拖动锚点让曲线呈 S 形，通过观察就可以发现，照片的对比度变高了，如图 3-39 所示。这种 S 形曲线也是经常使用的一种调整思路。

　　在图 3-39 中，两个锚点中间的部分，倾斜度较高，这可以增大中间调区域的对比度，能够非常明显地影响照片的整体影调效果；而在曲线两端的部分，倾斜度较低，这可以确保高光和暗部不容易丢失像素。

图 3-39

另外，针对"曲线"对话框，还应该知道一些基本的使用常识。

（1）在曲线上，如果锚点定位错误，可以点住该锚点，将其拖动到想要的位置即可。如果多打了一些锚点，那么可以点住相应的锚点向曲线框外拖动，松开鼠标后该锚点即可去除；或者按住键盘上的【Ctrl】键，单击要去除的锚点，也可以将该锚点去除。

（2）针对曲线的常规调整界面，在上方有一个"预设"下拉列表框。打开后有多种预设值，可以不必自己设定锚点来调整，而是选择一种由软件提供的曲线形态和画面效果以供参考。当然，此时还可以对预设效果进行微调。图 3-40 中选择了"增加对比度"的预设。

图 3-40

（3）"通道"则是用来设定显示哪种直方图，有 RGB、R、G 和 B 这 4 个选项可供选择。在进行亮度调整时，设定 RGB 直方图即可。

（4）如果选中"显示修剪"复选框，则可以显示照片中哪些位置损失了像素，丢失了哪些高光或暗部像素。选中曲线最右端的锚点时，显示亮部丢失像素的位置；选中曲线最左端的锚点时，显示暗部丢失像素的位置。丢失像素的位置用黑色的像素点表示。

（5）对话框底部有 4 个复选框，分别为"通道叠加""基线""直方图"和"交叉线"。"通道叠加"是指在调整某种单色曲线后，确定最终是否显示在 RGB 通道中，如果选中该复选框则显示，反之则不显示。"基线"用于设定是否显示初始状态的 45°斜线。选中"直方图"复选框，会让直方图显示在曲线框中，反之则不显示。选中"交叉线"复选框，则在拖动锚点时显示坐标线，反之则不显示。通常情况下，这 4 个复选框都设定为选中状态即可。

（6）曲线框下方有一个小手工具，称为"目标调整工具"，这是非常有用的一种工具，下一节将进行详细介绍。

目标调整工具 ▶

利用"曲线"对话框对照片进行影调处理时，有一种操作简单且好用的工具——目标调整工具。

在打开的"曲线"调整面板中单击"小手"按钮，激活该功能，如图 3-41 所示。然后将光标移动到照片中需要调整的位置单击，但不要松开鼠标。此时可以看到虽然没有按【Ctrl】键，也已经在曲线上生成了对应的锚点。神奇之处不止于此：将还没有松开的鼠标直接在照片内拖动，向下拖动就会让单击的位置变暗，向上拖动则会变亮；观察曲线内的锚点，会发现它也是相应地向下或向上移动的。

在该照片中，高光部位太亮，暗部又太暗，所以人物与背景融合得不是很好。可以先尝试压暗高光，然后适当提亮暗部，让照片的明暗层次过渡平滑起来，照片效果可能会好一些。首先按住【Alt】键，此时对话框内的"取消"按钮变为"复位"按钮，单击该按钮，可以将打开的照片复位到原始状态。当然，在此处也可以单击曲线上的锚点，将其拖到曲线框外，使曲线回到初始状态。

图 3-41

选择"小手"工具，在人物身上的高光部位按住鼠标左键并向下拖动，调整到合适的亮度后释放鼠标左键；然后将光标移动到背景的暗部，按住鼠标左键并向上拖动，适当提亮暗部；最后，在人物面部一般亮度的区域按住鼠标左键并拖动调整。调整后的照片效果如图 3-42 所示。对比照片调整前后的效果可以发现，画面背景呈现出了更多的细节，层次过渡更平滑了，最重要的是人物面部的光线也不再那么生硬了。

图 3-42

　　在这条曲线上，最多可定位 14 个锚点。因此，使用曲线可以非常轻松地控制照片整体和局部的明暗影调。在对一般的照片进行调整时，如果要求不是特别高，不创建选区也可以精确控制照片影调，做出快速而准确的调整。

　　要注意，在使用曲线的锚点进行调整时，要避免锚点过于密集。如果锚点与锚点之间距离过近，那么在调整时很容易产生色调分离的问题，那样调整结果就会失真。

　　利用曲线工具可以对照片整体或局部的影调进行非常精确的处理，这只是曲线强大功能的一种体现。曲线的功能不止于此，它还可以对照片的色彩、色偏等问题进行非常精准的处理。

 3.5 其他简单工具

　　对照片影调的处理，主要的工具就是色阶、曲线和阴影 / 高光这 3 种。此外，在 Photoshop

中还有亮度 / 对比度以及曝光值调整等工具，这里简单地进行说明。

通常情况下，"亮度 / 对比度"调整是一些初学者在没有掌握曲线等工具时的无奈之选。因为这种工具非常简单，可以快速地对照片的整体影调进行处理。"亮度 / 对比度"面板中，"亮度"调整类似于在"曲线"对话框中简单地向上拖动或向下拖动曲线；"对比度"调整则类似于建立 S 形曲线，可以提高照片中间灰调区域的对比和反差。但也仅限于此，因为亮度和对比度功能是比较单一的，无法实现对照片局部影调进行处理的功能。

相对来说，"曝光度"命令则比较鸡肋。因为对于一般的 JPEG 格式照片来说，由于不是原始照片格式，并且位深度不够，一旦改变曝光值，照片就会损失大量高光或暗部细节，因此在摄影后期中很少使用这一功能。

04

CHAPTER

数码后期第二步：
色彩控制 ▼

　　与明暗控制不同，在学习色彩控制方面的技巧时难度会更大一些，这有多方面的原因。首先，人们对于色彩的认知，主观性更强。同一张照片，有些人喜欢冷色调的色彩效果，有些人喜欢冷暖对比强烈的效果，还有一些人可能喜欢暖色调的效果，或者认为将照片转为黑白的效果最佳。其次，对色彩的影响因素实在太多了，如照片亮度、白平衡、现场光线、曝光时间等，都会对照片色彩产生很大的影响。最后，对色彩的理解与摄影师自身的美学修养有关。这也就是为什么有美术功底的人借助后期软件更容易修出非常漂亮的照片。

　　当然，对于绝大多数初学者来说，可以不必考虑上述问题，只要了解需要掌握哪些色彩知识和调色手段就可以了。

本章将对数码后期中与色彩控制有关的知识进行梳理，从最基本的色彩原理开始，教会读者简单的色彩原理、混色规律，以及色彩变化规律在后期软件中的应用。还将对后期软件中的 7 种主要调色功能进行剖析，结合色彩混合原理来讲解调色技巧。在学习完本章内容之后，读者不但能够知其然，还能知其所以然。

4.1 摄影中的色彩基础

色彩三要素 ▶

描述一种事物，需要有相应的概念。针对色彩的学习和描述，主要有 3 个概念（三要素）：色相、纯度和明度。其中，色相是通常说的不同色彩，例如红色就用红色相描述，绿色就用绿色相描述；纯度就是通常所说的饱和度，是指不同色彩的浓郁程度；明度则对应色彩的明暗程度，这个概念相对抽象一些，后面还会进行详细的分析。

太阳光线有 7 种光谱，分别为红、橙、黄、绿、青、蓝、紫，对应 7 种色相，但在实际生活中，我们接触的色彩还有很多。图 4-1 显示的是我们经常见到的色相集合，在描述这些色相时，可以用相邻两种颜色来描述混合的色调，如红黄色、红橙色、蓝青色、黄绿色等，这样的描述虽然不够标准，却可以让我们快速理解和定位到对应的色相。

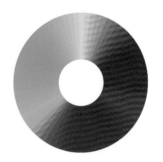

图 4-1

实际的照片中可能包含大量的色相，除上述常见的色相外，还会有黑色、白色和灰色等，需要注意的是，黑色、白色及灰色并不是色相。

此处讲得比较简单，如果用严格的色彩学知识来界定，很多说法是不准确的。但没有关系，我们讲的是数码摄影后期，是应用领域的知识，只要能学会简单的色彩原理，并能够实现照片的后期优化就可以了。

举个例子，在 Photoshop 中打开如图 4-2 所示的照片。在描述时，即便我们说绿色的草地、黄色的马匹，也没有问题，因为大家都明白这句话的意思。但在具体的后期处理操作中还是应该严谨一点，至少要辨认出马匹的颜色是橙色和橙黄色都有的，要辨认出草地并非绿色，而是黄绿色的。这样才能针对不同的色相进行具体的后期调色处理。

图 4-2

纯度也称为饱和度，两者是同一个概念，至少在色彩领域没有区别。如果非要在两个概念之间找些区别，那么"纯度"的延伸意义更多一些，例如可以称某些液体的纯度很高等。

虽然大家对纯度的认知程度没有对饱和度高，但用纯度来描述色彩也是很贴切的。因为色彩饱和度的高低就是通过色彩加入消色（灰色）成分的多少来界定的。如果在色彩中不加入消色成分，那么色彩自然是最纯的，饱和度也最高；加入的消色成分越多，色彩就越不纯，饱和度也就越低。从图 4-3 中可以看到，色彩饱和度自上而下降低，就是因为自上而下加入的灰色成分越来越多。

图 4-3

在数码照片中，高饱和度的景物往往能给人强烈的视觉刺激，很容易吸引到注意力；低饱和度的景物给人的感觉则平淡很多，不容易吸引欣赏者的注意力。常见的一种构图或是后期修片思路是，提高主体的饱和度，适当降低其他景物的饱和度，利用饱和度高低的对比来强化主体的视觉效果，如图 4-4 所示。人物衣服的饱和度较高，而背景水面及天空的饱和度偏低，这样有利于突出主体人物的形象，让其显得更醒目。

图 4-4

　　色彩三要素的最后一个概念是明度，顾名思义，是指色彩的明亮程度，也可以说是色彩的亮度。在色彩中加入灰色会让色彩饱和度降低，那如果加入黑色或白色呢？答案是，饱和度也会降低。除此之外，色彩的明暗程度也会发生变化，这就是下面要介绍的明度问题了。图 4-5 左图中间一行列出了红、橙、黄、绿、青、蓝、紫这 7 种色彩，如果给每种色彩加入白色（左图中向上的变化），就会发现色彩明显变亮了；如果加入黑色（左图中向下的变化），就会发现色彩变暗了，这就是色彩明度（亮度）的变化。因为彩色图的效果并不明显，所以在"图像"→"模式"菜单中选择"灰色"选项，将左图转为灰度图（图 4-5 的右图），此时就会发现：黄色的亮度最高，随着加入越来越多的白色，很快就变为纯白；青色的亮度稍低，橙色和绿色的亮度次之；其他色彩的亮度就更低了。最后，经过仔细对比，可以发现色彩的明度由亮到暗依次是黄色、青色、绿色、橙色、红色、紫色、蓝色。

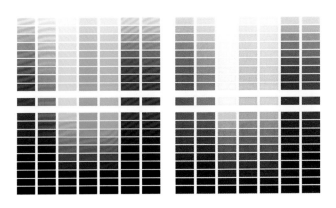

图 4-5

这里要注意：在将示意图转为黑白时，不能进行黑白处理，而是通过将图片转换为灰度的方式来实现（当然，也可以采用将图片饱和度降至最低的方法来实现），否则得到的示意图是无法准确反映色彩明度的。也就是说，调整模式或饱和度后，最终得到的示意图会反映像素的明暗；而黑白调整则要兼顾像素的显示性能，例如将白色压暗，避免高光溢出等，这样自然就无法准确反映色彩明度的变化了。

色彩的明度变化如何体现在实际的照片中，可以用图 4-6 进行说明。这张照片没有经过任何明暗影调处理，只是改变了照片的色调。左上为青色系效果，右下为蓝色系效果。对比两种效果的直方图可以很清楚地看到，左上效果的直方图像素分布明显都在右侧，表示整体偏亮；右下效果的直方图像素主要集中在中间的灰调区域，明显暗于左上的青色系效果。这一结果正好对应前面得出的黄色明度最高、蓝色明度最低的结论。

图 4-6

熟悉色彩的明度变化规律，有助于在后期修片时对照片整体明暗影调层次进行控制，毕竟在调色的同时会对照片的明暗产生一些影响。整体来看，蓝色、紫色、红色等色系的画面给人的视觉感受要暗一些，而以青色、橙色、黄色等色系为主的画面，则相对明亮一些。

互补色与软件功能 ▶

下面介绍照片后期处理的第二个重要原理：互补色原理与调色软件的对应关系。我们知道，自然界中的可见光可以分解为 7 种不同颜色的光线，分别是红、橙、黄、绿、青、蓝、紫，如图 4-7 所示。

　　所有颜色的光线经过二次分解，最终都可以被拆分为红、绿、蓝3种颜色的组合，所以红、绿、蓝被称为"三原色"。通过三原色混合图（图4-8）可以看到，红、绿、蓝三原色两两混合，可以得到黄色、洋红色和青色。后期软件中所有的调色工具，其调色原理都是基于三原色的。

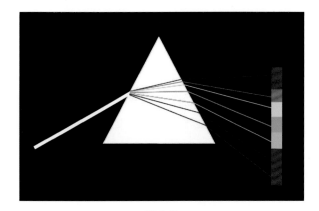

图 4-7

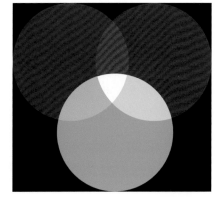

图 4-8

　　因为三原色混合图无法展示更多的色彩变化，所以通常情况下会使用色轮这种图形化的方式来呈现所有的色彩关系。在色轮图上，可以看到红色、黄色、绿色、青色、蓝色、洋红共6种色彩（图4-9），这6种色彩之间还有橙色、紫色等其他颜色，按逆时针顺序分别是红、橙、黄、绿、青、蓝、紫（洋红）。根据三原色混合图可以发现，红色与青色叠加可以得到白色，实际也是红色、绿色与蓝色三原色的叠加。另外，蓝色与黄色叠加也会得到白色，绿色与洋红色叠加也会得到白色。这种两两叠加就可以得到白色的一对色彩，就称为"互补色"。调色软件都是借助互补色原理进行调色的。

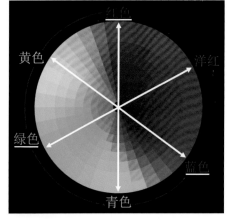

图 4-9

　　如果景物是在某种色彩的光线下，那么拍出的照片就会呈现出这种颜色。比如，夜晚在红色的霓虹灯下拍摄照片，那么照片就会偏红色。要让照片的色彩正常，就需要让光线的色彩变为无色，或者说是白色。

　　调色的过程其实就是通过调整互补色的比例，让两者混合后的色彩变为无色。

　　如果一张照片的色彩偏红，那么降低红色的比例就相当于提高了它的补色，也就是青色的比例。通过调整红色与青色的比例，可以让光线色彩趋于无色，最后让照片色彩趋于正常。这是Photoshop中调色软件进行调色最根本的原理。

　　打开照片，新建一个色彩平衡调整图层，如图4-10所示。在属性面板中可以看到红色、绿色、蓝色以及对应的补色，其调色原理就是基于三原色和补色原理的。

图 4-10

　　新建一个曲线调整图层，在属性面板的色彩通道选择列表中，除了可以看到复合通道 RGB 外，还可以看到组成复合通道的红色、绿色、蓝色通道，如图 4-11 所示。调色时，拖动红色、绿色、蓝色通道的任何一条曲线，都会根据补色原理实现色彩调整。例如，向上拖动红色曲线会增加红色，同时减少其补色青色；向下拖动红色曲线会减少红色，同时增加其补色青色。绿色和蓝色通道的调色原理同样如此。

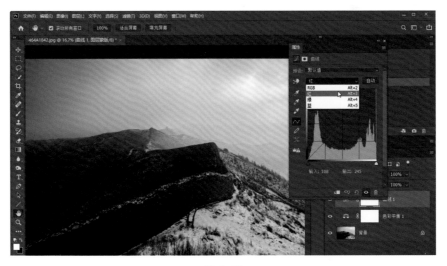

图 4-11

　　新建一个可选颜色调整图层，在属性面板的颜色列表中，我们可以选择红色、黄色、绿色、青色、蓝色、洋红，正好对应色轮中色彩的逆时针分布，如图 4-12 所示。例如，选择洋红，就可以对照片中的洋红及其邻近色进行调色。属性面板中有青色、洋红、黄色、黑色共 4 个滑块，根据补色原理，减少青色比例将会增加红色比例，其他几个滑块的调整同理。

图 4-12

另外，在 Lightroom 软件以及 Photoshop 软件的 Camera Raw 滤镜的白平衡调整中，也可以看到互补色的影子，分别是蓝色与黄色、绿色与洋红这两组互补色。

相邻色与软件功能 ▶

色轮图上两两相邻（60 度范围内）的色彩称为相邻色。例如，红色与黄色、黄色与绿色、绿色与青色、青色与蓝色、蓝色与洋红、洋红与红色分别都是相邻色，如图 4-13 所示。

在 Lightroom 的 HSL/ 颜色面板中，可以看到红色、橙色、黄色等 8 个色条，每个色条的两端分别对应一组相邻色。例如，黄色色条的左侧是黄橙色，右侧是黄绿色。

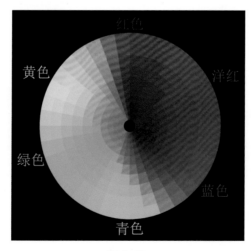

图 4-13

对于这张照片，因为感觉秋色不够浓郁，所以可适当让照片的绿色向偏黄的方向发展。切换到 HSL/ 色相调整面板，如图 4-14 所示。

图 4-14

　　将橙色滑块向橙红色方向拖动,将黄色滑块向橙黄色方向拖动,将浅绿色滑块向黄绿色方向拖动,可以看到画面中原本不明显的秋色变得更加浓郁了，如图 4-15 所示。

图 4-15

4.2 Photoshop 中的七大调色功能实战

Photoshop 中可以进行调色的工具有许多种，但对于摄影后期来说，只需要掌握其中功能最强大、最实用的 7 种即可。下面将结合色彩基本原理，详细讲解这些工具的使用方法和技巧。

色彩平衡 ▶

对一般的风光题材照片进行调色时，"色彩平衡"工具是非常好用的。图 4-16 所示为初夏的箭扣云海，可以看到照片色彩明显有问题。

图 4-16

下面利用"色彩平衡"工具及前面学过的其他知识，对这张照片进行后期处理。在 Photoshop 中打开照片后，创建色彩平衡调整图层，打开色彩平衡调整面板，如图 4-17 所示。在"色彩平衡"调整面板中，首先要注意的是青色—红色、洋红—绿色、黄色—蓝色这三组相对的色彩，这三组参数的选择是有讲究的，即这是针对三原色与其相对色彩的调整。我们知道，色彩平衡面板中每组相对的色彩是位于色轮直径两端的色彩，并且这每组色彩混合后会变为白色。以青色—红色为例：假如一张照片偏青色，那是因为青色过多、红色过少，只要增加红色，就能抵消青色，让青色和红色的混合比例发生改变，这样照片就能逐渐变为白色光线下的正常色彩。

图 4-17

对于色彩平衡面板的使用，主要是拖动不同的色彩滑块。假如照片偏青色，那么向右拖动"青色—红色"滑块，就能在降低青色的同时增加红色，这样就会改变这两种色彩的混合比例，最终获得白色光线下的正常色彩效果。照片中并不是只有"青色—红色"这一组色彩，所以色彩平衡面板中集成了三组相对的色彩，只要分别将这三组色彩调整到位，那么照片色彩也就调整到位了。

回到箭扣云海的照片，经过观察可以发现，照片的色彩很杂乱：最亮的云海部分是偏青色的，暗处的山体部分则有些偏蓝色，中间的云层部分又有些偏洋红。由于最亮的云海部分对应的是照片的高光部位，因此可以在面板中选择"高光"选项，对照片的亮部进行调整。向右拖动"青色—红色"滑块，降低青色的同时增加红色，并随时观察云海部分的色彩变化，待其变为白色后停止拖动，效果如图 4-18 所示。

图 4-18

调整好高光之后，可以发现照片的暗部严重偏蓝色，因此在面板中选择"阴影"选项，对暗部进行调整。向左拖动"黄色—蓝色"滑块，降低蓝色的同时增加黄色，让阴影部分的色彩变得正常，如图 4-19 所示。

图 4-19

调整好暗部区域后，就会发现画面的中间调区域是有一些偏粉的，因此选择"中间调"选项，然后稍微向右拖动"洋红—绿色"滑块，改变洋红和绿色的比例，校正这部分色彩，效果如图 4-20所示。当然，还可以根据自己的判断，从整体上调整其他两个色条的滑块，对照片的整体色彩进行控制。调整完毕后单击"确定"按钮返回。

图 4-20

此时的照片可能还有些偏色，但已无伤大雅，随着接下来对照片的提亮操作，色彩会进一步变得正常。创建曲线调整图层，在打开的曲线调整面板中向上拖动曲线，适当提亮照片，如图 4-21所示。

图 4-21

　　这样，照片就处理完成了，处理前后的效果对比如图 4-22 所示。一般来说，应该是先将照片的明暗调整到位，再对照片的色彩进行处理，因为改变照片明暗会对色彩产生一定的影响。但本例主要是演示"色彩平衡"功能的使用方法，且为了演示调色前后的效果对比，在最后才进行轻微的亮度调整。

图 4-22

曲线调色 ▶

　　前面已经介绍过利用曲线工具对照片明暗进行调整的方法，除此之外，曲线还具有非常强大的调色功能。创建曲线调整图层，打开曲线调整面板，如图 4-23 所示。

　　在曲线面板的通道下拉列表中有 4 个通道：RGB 是复合通道，对应曲线面板中的黑色基线，用于调整照片的明暗；此外还有红、绿、蓝 3 个通道，分别对应红、绿、蓝 3 条单色基线，用于调整照片中红、绿、蓝色彩的像素数量比例。举个例子，在通道列表中选择红通道，曲线就变为红色

基线，向下拖动这条基线，即可让照片中的红色比例下降，根据色彩混合原理（红色＋青色＝白色，
降低红色就相当于增加青色），照片就会变得偏青色。

图 4-23

回到图 4-23 所示的照片，可以发现照片明显偏蓝色，所以在通道列表中选择蓝色通道，这样
曲线就变为蓝色基线了。在面板左侧单击选中 "目标选择与调整工具"，即面板左侧的"小手"图
标。然后将光标移动到过度偏蓝的位置，虽然此时光标为吸管状态，但如果按住鼠标左键向下拖动，
光标就会变为小手的图标，拖动蓝色曲线会生成锚点，并且蓝色曲线会向下弯曲（相当于降低了蓝
色），如图 4-24 所示。

图 4-24

蓝色下降之后，就会发现照片有些偏青。问题来了，在通道下拉列表中没有青色通道，那就没
办法调整了吗？当然不是，因为青色＋红色＝白色，只要增加红色，就相当于降低了青色。在通道

下拉列表中选择红色通道，将鼠标指针放在照片中严重偏青色的背景位置，按住鼠标左键向上拖动以增强红色，随时观察照片状态，调整到位后松开鼠标即可，效果如图 4-25 所示。

图 4-25

对青色进行校正后，依然存在问题。从背景的白色墙体部分可以看出，画面有些过于粉嫩了，即偏洋红色。要解决这个问题非常简单，只要增加绿色（相当于降低了洋红）即可。在通道列表中选择绿色通道，将光标定位在白色的墙体上，按住鼠标左键向上拖动以增强绿色（相当于降低了洋红），随时观察照片状态，调整到位后松开鼠标即可，照片效果如图 4-26 所示。

图 4-26

至此，照片就基本调整完了。单击"确定"按钮可以返回软件主界面，如果对照片比较满意，就在"文件"菜单中选择"存储为"选项，将照片保存即可。照片调色前后的效果对比如图 4-27 所示。其实仔细观察，调色后的效果还是有些偏暖的，这是刻意保留的，因为晨昏时的光线本来就是如此。

图 4-27

曲线调色是非常专业和有效的工具，读者不妨多尝试使用这种工具进行调色。

可选颜色 ▶

利用色彩平衡和曲线调整工具，基本就能对大部分照片进行色彩控制了，但有时效果并不尽如人意。这里介绍一种与色彩平衡和曲线搭配使用的调色工具，即可选颜色工具。与色彩平衡对照片整体、暗部或亮部区域进行调色的方式不同，可选颜色是针对照片中某些色系进行精确的调整。举个例子，如果照片偏蓝色，利用可选颜色工具不仅可以选择照片中的蓝色系像素进行增强或降低，还可以增加或消除混入蓝色系的其他杂色。

下面通过具体的例子来介绍这种工具的使用方法。打开要处理的照片，创建可选颜色调整图层，打开可选颜色调整面板，如图 4-28 所示。观察照片后确定要对两种色调进行修改：第一，照片右上角的绿色不够纯净，过于偏黄，要让这部分的色彩变得与草地的绿色一致，使画面的背景看起来更简洁、干净；第二，人物的肤色是有问题的，过于偏红，要让人物的肤色变得正常。

图 4-28

对于右上角树叶部分偏黄的问题，可以在可选颜色面板的通道下拉列表中选择黄色通道，这就表示选择了照片中的黄色系像素（当然肯定不会特别准确，也会包含一些与黄色相邻的杂色）。要想让这种黄色像素偏绿，应该怎么做呢？可以观察下面的多种色彩滑块，根据"洋红＋绿色＝白色"的原理，只要降低洋红，就可以让需要调整的区域偏绿一些。因此，向左拖动洋红滑块，并注意观察画面，待调整到位后停止拖动即可，效果如图 4-29 所示。

图 4-29

再来看人物肤色的问题，由于肤色偏红，因此在颜色通道中选择红色通道，这表示调整的目标是照片中的红色像素，也就是人物的肤色。根据"青色＋红色＝白色"的原理，直接向右拖动青色滑块，增加青色比例，也就相当于降低红色。此时照片的效果如图 4-30 所示。

图 4-30

此时产生了一个新的问题，人物面部的红色降低之后，白皙的肤色与眼睛等深色部位的过渡不够平滑了，并且小腿部位也变得非常暗淡。要解决这种因为调色带来的问题，就需要用到黑色滑块了。黑色滑块的用途是为所选通道颜色进行加黑或是减黑，加黑时颜色明度变低，减黑时颜色明度变高。

那么只要适当向左拖动红色通道中的黑色滑块（降低黑色），就可以让过渡变得平滑，效果如图 4-31 所示。

图 4-31

至此，照片就调整完毕了，调整前后的对比效果如图 4-32 所示。

图 4-32

TIPS

　　（1）白色、中性色和黑色：在"可选颜色"面板中的颜色下拉列表内，有白色、中性色和黑色三个通道。白色是针对照片中的高亮部位进行调整；黑色是针对暗部区域进行调整；中性色则是针对照片中占据绝大部分的中间调区域进行调整，所以中性色通道的调整效果最明显。

　　（2）相对和绝对：所谓的绝对，是针对某种色彩的最高饱和度值来说的，但照片色彩的饱和度基本上不会是最高值，而是低饱和度的值；所谓的相对，是针对照片的实际值来说的。同样是调整10%的色彩比例，设定为绝对时，调整的效果是非常明显的，因为是总量的10%，而设定为相对时，效果就要柔和很多。在具体应用中，因为是针对当前照片进行调整，所以应该设定为"相对"。

饱和度与自然饱和度 ▶

从色彩的角度来说，如果一张照片没有发生偏色的现象，比如拍摄的天空变为了青色，人物的肤色偏红色等，那么关注的点可能就是画面局部或整体的色彩饱和度了。

对于一张照片来说，如果饱和度较高，色彩浓郁，就会具有强烈的视觉效果，特别容易吸引人的注意力。对于一些饱和度较低的照片，看起来会显得平淡，因此可能需要适当提高饱和度以强化画面效果。但是在数码后期中，除一些不懂后期的摄影新人之外，大部分摄影师很少直接提高照片的饱和度，因为它是一种非常"笨"的工具，对照片色彩的调整效果并不是特别理想。

在数码后期中，有关色彩饱和度的调整，还有一个功能叫"自然饱和度"。饱和度与自然饱和度有什么区别呢？用通俗的话来说，饱和度提高的是照片中所有色彩的浓郁程度，这样原本饱和度已经较高的色彩会继续变高，照片就会变得不自然了；"自然饱和度"功能则可提高照片中饱和度较低的色彩浓度，并对饱和度已经较高的色彩不再调整，这样最终的效果就是照片整体看起来更加自然，给人以舒适的视觉感受。下面用一张照片调整前后的效果对比来进行说明。

打开图 4-33 所示的照片，创建自然饱和度调整图层，打开自然饱和度调整面板，可以分别对饱和度与自然饱和度进行调整。

图 4-33

调整的操作非常简单，只要分别拖动饱和度与自然饱和度下面的滑块即可。可以很清楚地看到，大幅度提高饱和度后，整个画面明显失真，如图 4-34 上图所示。提高自然饱和度后，画面的整体效果就比较自然，如图 4-34 下图所示。

图 4-34

图 4-34（续）

在后期修片时，怎样使用饱和度与自然饱和度这两种功能呢？

数码相机为确保拍摄的照片不会损失高光和暗部细节，通常情况下拍摄的照片在对比度方面是有些偏低的。在后期修片时，一般会提高照片的明暗对比度以强化影调层次，而如果提高了照片的对比度，色彩饱和度也会相应地变高（提高对比度可强化像素之间的反差，这种反差除明暗之外，还包括色彩饱和度）。所以，在照片处理的流程控制和衔接方面，对饱和度与自然饱和度的调整应该在调整明暗影调之后进行。如果先整调色彩饱和度，那么之后的对比度调整还会影响调整效果。

无论是风光、人像，还是其他的题材，在进行了对比度调整之后，一般情况下不需要再提高饱和度。即便要调整饱和度，最多的处理往往也不是提高饱和度值，而是降低饱和度值，以使画面的色彩更加真实自然。

色相 / 饱和度 ▶

　　无论是自然饱和度还是饱和度，改变的都是照片整体的色调。但很多时候，我们只是想改变照片中某些色彩的饱和度。在还没有学习图层、选区和通道的时候，是无法使用饱和度或自然饱和度功能直接调整的。这时就需要使用"色相 / 饱和度"调整功能了。

　　在学习使用"色相 / 饱和度"功能之前，先来分析一下图 4-35 所示的照片。背景大片的蓝色调过于浓重，对人物的表现力有一定的破坏；人物的衣物色调很亮，饱和度稍高，让画面显得太闹腾，应适当降低这部分的饱和度。降低这两部分的饱和度之后，画面的整体色调就会干净很多，有利于突出主体人物在运动时的力量感。那么现在的任务就很明确了：分别降低蓝色背景和人物衣服的饱和度，以增强画面的质感，表现人物的力量之美。

　　虽然还没有介绍选区功能的使用技巧，但相信读者或多或少掌握了如套索、多边形套索等工具的使用方法。在本例中，虽然可以使用选区工具对背景建立选区，降低这部分的饱和度，但操作比较费时，特别是在球拍底部的部分，并不容易将其全部选中。而使用"色相 / 饱和度"功能则要简单很多，可以很轻松地实现我们的目标。

　　打开照片后，创建色相 / 饱和度调整图层，打开色相 / 饱和度调整面板，如图 4-36 所示。

图 4-35

图 4-36

　　首先改变人物衣服的饱和度。直接拖动面板中间的饱和度滑块显然是不行的，这样会改变照片整体的饱和度，不是我们想要的效果。

　　本例中，只要改变人物的粉红色衣服就可以了。在色相 / 饱和度面板中选择"洋红"选项，表示要调整的色彩是洋红。如图 4-37 所示，面板底部的色相条中出现了与洋红色对应的定位标志。

具体有 3 个线段区间，中间是深灰色，两侧是浅灰色。中间深灰色区间对应的洋红是完全色彩区域，两侧浅灰色区间对应色彩过渡区域，有点类似于羽化的概念，其作用主要是在调色时，让色彩的边缘过渡平滑一些，不要出现断层。

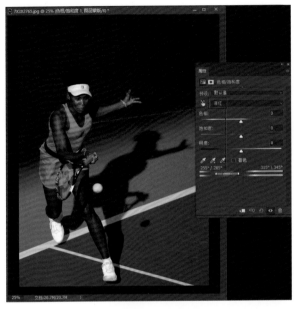

图 4-37

　　根据目测的衣服颜色，在面板中选择了洋红，这只是大致的色彩，并不准确。如果要精确定位到照片中人物的衣物色彩，需要将光标移动到衣服上，在变为吸管状态后单击取色，可以发现面板中的色彩范围发生了变化。此时定位的色彩范围基本上正好覆盖了整个衣服的色彩，即已经将需要调整的目标色彩选择好了，如图 4-38 所示。

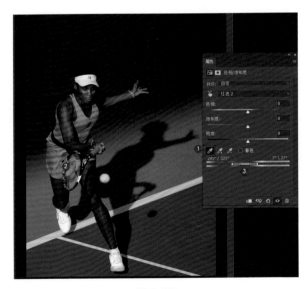

图 4-38

接下来直接降低饱和度值就可以了，然后会发现衣物的饱和度被降下来了，不再那么刺眼了。现在新的问题产生了：由于确定的色彩范围过大，涉及了人物肤色，所以人物嘴唇、皮肤的饱和度也变低了。另外，在人物左肩部、腹部的阴影部分，衣物色彩没有被纳入调整范围，饱和度依然过高，如图 4-39 所示。

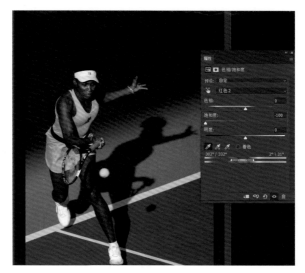

图 4-39

针对这个问题，可以在面板下方选择带"-"的吸管，在人物皮肤上单击，相当于从色彩范围中减去了人物肤色部分；然后选择"+"吸管，在人物衣服背光的深色区域单击，相当于将这部分色彩添加到了色彩范围中。此时再观察照片，可以发现我们的目的达到了，只有人物衣服的色彩饱和度降低了。使用吸管进行色彩的加减，有时还是不够精确，那么可以直接拖动用于界定色彩范围的游标，手动确定色彩范围。调整后的人物部分效果如图 4-40 所示。

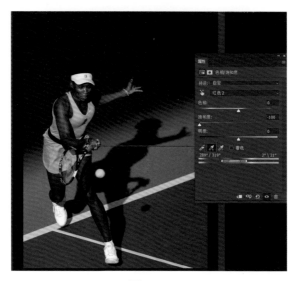

图 4-40

　　按照同样的方法，选择蓝色，然后在背景的蓝色区域单击取色，确定蓝色的范围，降低饱和度，如图 4-41 所示。观察照片效果，会发现衣物呈现一定色彩时的效果更好一些，因此可以在下拉列表中切换回红色 2，恢复一定的饱和度。

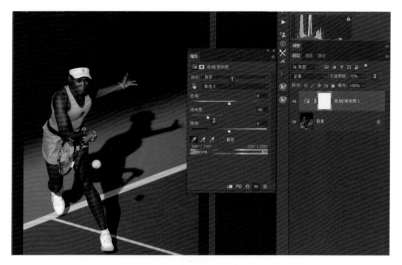

图 4-41

　　处理后的照片如图 4-42 所示，虽然没有那么醒目，但充满了力量的美感。

图 4-42

　　实际应用中，在对照片中的某些色系进行单独调整时，其实有一种更简单快捷的方法。在面板的左下角有一个小手图标，称为"目标调整工具"，该工具的使用方法非常简单，比如本例中要调整洋红色时，只需在"全图"下拉列表中选择洋红，然后选择该工具，将光标移动到人物衣服上（即洋红的位置），向左拖动即可降低洋红的饱和度。这种工具的特点在于快速方便，但不够精准。如果向左拖动后发现不够精准，可以按照本小节介绍的方法，用加减吸管或是手动调游标的方式进行色彩范围的微调。

将照片转为"黑白"的正确玩法 ▶

在摄影诞生后的近 100 年里，黑白摄影是主流，历史上诞生过许多伟大的黑白摄影作品。时至今日，彩色摄影是主流，但仍然有许多资深摄影师喜欢用黑白的画面来呈现摄影作品，黑白色调并不会妨碍摄影作品的艺术价值。

即便是彩色摄影时代，黑白也仍然是一种重要的摄影风格，就如同传统水墨画一样。下面来归纳一下，在面临哪几种情况时，可以考虑将照片转为黑白效果。

（1）在摄影者所要表现的画面重点不需要色彩来渲染，或者说色彩对主题的表现起不到促进作用时，就可以选择用黑白来表现。这样做可以弱化色彩带来的干扰，让欣赏者更多地关注照片内容或是故事情节；这样做的另一个好处是，可以增强照片的视觉冲击力。如图 4-43 所示，原图配色一般，特别是绿色的草地部分比较沉闷，画面整体给人不舒服的感觉。转化为黑白之后，画面清爽、干净了很多。

图 4-43

（2）有时候拍摄的照片色彩非常杂乱，显然与"色不过三"的摄影理念相悖，这种情况下将照片转为黑白，可以弱化颜色带来的杂乱感，让画面看起来整洁、干净。无论是风光还是人像，很多时候都需要滤去杂乱的色彩，将照片转为黑白。这是一种不得不做的黑白转化，是让照片变为摄影作品的必要步骤。

（3）许多本身已经是很成功的摄影作品，通过合理的手法转换为黑白效果，能够呈现出一种与众不同的风格，令人耳目一新。

对于彩色照片转黑白，许多初学者的认识可能有误，认为有两种处理方式：一种是只要在"色相/饱和度"面板中拖动饱和度滑块到最左侧，将饱和度变为 0 即可得到黑白效果的照片；另一种是在"模式"菜单中选择"灰度"选项，也可以直接将照片转为黑白。但对于后期处理来说，上述两种处理方法都是不正确的，因为那只是简单地将色彩的饱和度扔掉，仅保留色彩的明度而已。正确的做法应该是在转黑白时，根据画面明暗影调的需求，针对不同色彩做出有效设定，让明暗更符合照片要表达的主题。

利用 Photoshop 进行黑白处理时，使用的是"黑白"工具，下面介绍具体的调整过程。在 Photoshop 中打开照片，如图 4-44 所示。

图 4-44

照片在转黑白时，与一般调色的思路不太一样。在使用黑白工具处理之前，需要增加一个步骤：利用"阴影／高光"工具对照片的暗部和高光部位进行适当修复，以避免这两部分在转黑白后变为死黑和死白的一片，损失大量细节。在"图像"→"调整"菜单中选择"阴影／高光"选项，打开"阴影／高光"面板。在调整本照片时只有一个宗旨，那就是在确保照片明暗层次不出现断层的前提下尽量追回更多细节，而不必过多考虑照片是否好看。照片调整后的效果如图 4-45 所示（本例中，如果继续提高阴影的数量值可以追回更多暗部细节，但会出现明暗过渡的断层，综合来看 25% 是一个比较合理的值）。照片明暗细节调节到位后，单击"确定"按钮返回软件主界面的工作区。

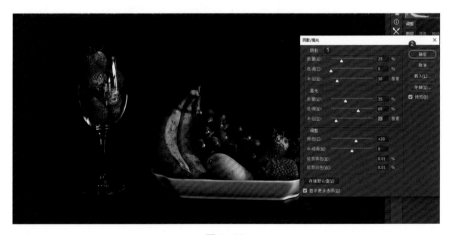

图 4-45

创建"黑白"调整图层，打开黑白调整面板，此时照片已经变为默认状态的黑白，如图 4-46 所示。在该面板中，有红色、黄色、绿色、青色、蓝色和洋红 6 个颜色通道，每个通道记录着照片中相应颜色的明度信息，只要拖动这些颜色滑块，即可改变照片中对应颜色的亮度，这样黑白照片的明暗就会发生相应变化。

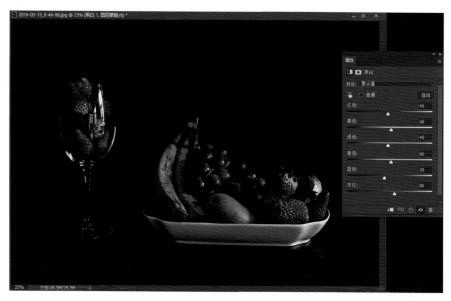

图 4-46

　　观察照片中的黑白效果，黄色的香蕉、杧果过于暗淡，在面板中适当向右拖动黄色滑块，即可提亮照片中的黄色部分。拖动时要注意观察，不要让黄色出现高光溢出，拖动到合适位置后停止即可。因为记得杧果与香蕉是黄色的，才能够直接拖动黄色滑块，但其他颜色可能无法一一记清，这样在调整时就无法准确把握，那怎么办呢？其实很简单，只要随时单击面板右侧的"预览"按钮，就可以在黑白和彩色照片之间切换，查看照片中各种对象的色彩后，再切换回黑白照片，拖动对应色彩滑块即可。

　　根据实际需要提亮红色，让草莓变得稍微明亮一点，但不要过度提亮，否则偏红的背景也会过亮；适当提亮蓝色，会发现葡萄变得更加晶莹剔透了；适当降低绿色，让草莓绿色的外皮稍稍变暗一些，这样可以区别于红色的果肉部分；再微调其他颜色滑块，并注意随时观察照片的明暗变化，调整到位后停止操作即可。此时的画面效果如图 4-47 所示，这也是照片最终的调整效果。

图 4-47

现在可以对比照片转黑白后的各种效果了。直接将原图转为默认的黑白效果，可以发现背景过暗，细节严重损失，画面主体与背景的层次过渡不够平滑，人为制作的痕迹太重，如图 4-48 所示。

图 4-48

对原照片进行"阴影 / 高光"处理之后，再转为默认的黑白效果，可以发现主体与背景的层次过渡平滑了很多，但明显的问题是画面整体偏暗，缺乏亮部细节，如图 4-49 所示。

图 4-49

对原照片进行"阴影 / 高光"处理之后，再利用合适的色彩通道调整，可以调出漂亮的黑白效果，如果如图 4-50。

图 4-50

在"黑白"调整面板中，还有两个比较实用的功能。一个是"预设"下拉列表，该列表中有多种滤镜效果。选中某种色彩滤镜，可以直接让照片转为有一定效果的黑白画面，其中一些单色的滤镜效果非常强烈。例如设定红色滤镜后，会将照片中的红色系极大地提亮，如图 4-51 所示；选择黄色滤镜后则会将照片中的黄色系像素极大地提亮。但是，直接套用这类滤镜很容易让照片出现高光或暗部溢出，损失细节，所以套用滤镜之后，往往还需要微调色彩滑块，对照片的高光和暗部进行修复。一般情况下，针对人像类题材，可使用红色、黄色等滤镜，会直接让照片输出比较漂亮的黑白效果；针对风光类题材，黄色滤镜较为常用。最后，微调面板主界面的各色彩滑块，就可以完成黑白调整了。

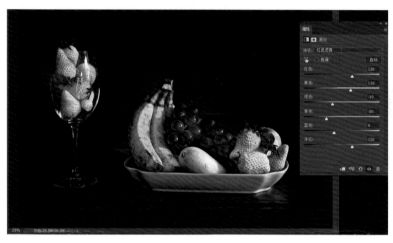

图 4-51

另一个重要功能是"色调"复选框。选中该复选框后，会发现刚转为黑白的照片被渲染成了某种单色的效果。称"色调"为"着色"可能更合适一些，因为该功能主要用于为转化后的黑白照片添加某种单一色彩。拖动色相滑块，可以改变为黑白照片渲染的色彩，饱和度滑块可以改变刚渲染为单色照片的饱和度。为本例中转为黑白的照片添加褐色后的画面效果如图 4-52 所示。

图 4-52

白平衡与色温调色 ▶

先来看一个实例：将同样颜色的蓝色圆分别放入黄色和青色的背景中，然后看蓝色圆呈现出的效果，会感觉到不同背景中的蓝色圆的色彩是有差别的。为什么会这样呢？这是因为我们在看这两个蓝色圆时，分别以黄色和青色的背景作为参照，所以视觉上会产生偏差，如图4-53所示。

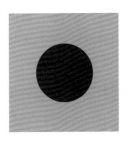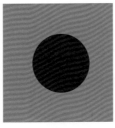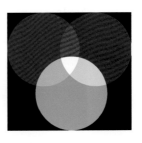

图 4-53

通常情况下，人们需要以白色为参照物才能准确辨别色彩。所谓白平衡就是指以白色为参照来准确分辨或还原各种色彩的过程。如果在白平衡调整过程中没有找准白色，那么还原的其他色彩就会出现偏差。

要注意，在不同的环境中，作为色彩还原标准的白色也是不同的。例如，在夜晚室内的荧光灯下，白色要偏蓝一些；而在日落时分的室外，白色是偏红黄一些的。如果在日落时分以标准白色或冷蓝的白色作为参照来还原色彩，那也是要出问题的，应该使用偏红黄一些的白色作为标准。

相机与人眼视物一样，在不同的光线环境中拍摄时，需要有白色作为参照，才能在拍摄的照片中准确还原色彩。为了方便用户使用，相机厂商分别将标准的白色放在不同的光线环境中，并记录下这些不同环境中的白色，将其内置到相机中，作为不同的白平衡标准（模式）。这样用户在不同环境中拍摄时，只要根据当时的拍摄环境设定对应的白平衡模式，即可拍摄出色彩准确的照片。但相机厂商只能在白平衡模式中集成几种比较典型的光线情况，无法记录所有场景。在没有对应的白平衡模式的场景中，难道就无法拍摄到色彩准确的照片了吗？相机厂商采用了以下3种方式解决这个问题。

（1）自动白平衡。相机通过建立复杂的模型和计算，找到对应环境中的白色标准，从而还原出准确的色彩。

（2）色温调整。色彩是用温度来衡量的，也就是色温，不同色彩的光线对应不同的色温，这样就可以通过量化色温值来确定白平衡标准了。举个例子，室内白炽灯的色温为2800K左右，烛光的色温为1800K左右，那么两者均匀混合照明的色温即为2300K左右。只要在相机中手动设定这个色温，相机就可以根据这个色温确定好白平衡标准，从而还原色彩了。

（3）自定义白平衡。面对光线复杂的环境时，可能无法判断当前环境的真实色温，那么可以找一个白卡放到拍摄环境中，用相机拍下白卡，这样就得到了该环境的白色标准。有关自定义白平衡的操作，可参见相应机型的说明书。

与相机还原色彩的原理大致相同，在后期软件中对照片色彩的校正和恢复，也是上面的3种思路。

在 Photoshop 的"调整"菜单内，有"自动色调"和"自动颜色"两个菜单命令，对于偏色的照片，可以使用"自动颜色"菜单命令，它能在一定程度上对照片的颜色进行校正。这与相机中的自动白平衡有些相似，都是通过系统的智能计算来还原照片色彩。需要注意的是，不要使用"自动色调"菜单命令，因为该命令会强行对照片的每个色彩通道进行高光、阴影和中间调的调整，而不考虑照片的实际情况，这样调整的照片很可能出现偏色的情况。所以在实际应用中，为求快速，可以考虑使用"自动颜色"功能快速校色。

　　针对色温的调整是有一个硬性要求的，即需要拍摄 RAW 格式原片。相机拍摄的 RAW 格式文件保留了所有的原始拍摄数据，将 RAW 格式原片拖入 Photoshop 后会在 Camera Raw 中打开。在右侧的"基本"选项卡中，针对在常见环境中拍摄的照片，直接在白平衡下拉列表中选择对应的白平衡模式即可。而对于在复杂光线条件下拍摄的照片，可以拖动色温和色调滑块，对照片进行调色。这种调色方式是非常好用的，深受广大摄影师的喜爱。如果拍摄了 RAW 格式照片，那么在后期处理时，建议先对照片进行色温和色调调整，将照片的色彩准确还原。图 4-54 展示了在 Camera Raw 中利用色温调整来校色的效果。其实此处的色调滑块并没有什么特殊含义，就是用于补偿绿色或洋红色调，向左拖动"色调"滑块可在图像中添加绿色；向右拖动"色调"滑块可在图像中添加洋红色。

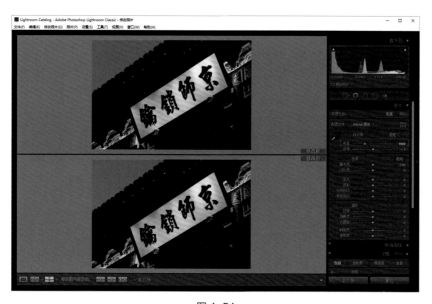

图 4-54

TIPS

　　色温调整仅适用于 RAW 格式原片，虽然也可以将 JPEG 格式照片载入 Camera Raw，但对 JPEG 格式调色温和色调，效果是不理想的，因为 JPEG 照片是一种压缩后的有损文件，没有包含拍摄时的色温信息。

　　最后是在 Photoshop 中直接针对 JPEG 格式进行的白平衡调整，这种调整方式的使用非常广泛。但在介绍之前，需要掌握一个知识点，那就是白卡和灰卡的选择问题。在相机内进行手动自定义白平衡（尼康称为"手动预设白平衡"）时，前文介绍的是使用白卡作为自定义的对象，但事实上也可以使用灰卡进行自定义白平衡，也就是说，用灰卡代替白卡作为不同环境中的白平衡标准，让其他颜色与该场景中的灰色进行对比，还原色彩。有些相机的说明书中，甚至专门提到"除了白色物体，18% 灰度卡可以更精确地设置白平衡"，原因在于白色、灰色都没有色彩倾向。而且白色过高的反射率可能会对白平衡校正产生一些不利影响，但灰卡却能始终稳定地为相机提供白平衡标准。

　　之所以介绍这么多，是因为在后期软件中对照片进行白平衡较正时，就是使用中性灰色来进行色彩还原的。下面来看具体的实例。

　　在 Photoshop 中打开要处理的照片，创建曲线调整图层，打开"曲线"调整面板。在该面板的左侧有 3 个吸管，自上至下分别用于设置黑场、灰场和白场。黑场用于定义照片中最黑的位置，白场用于定义照片中最亮的位置。使用吸管进行照片明暗调整时，如果位置选取错误，那么照片明暗调整就会出现问题。灰场主要用于进行白平衡调整，一旦用灰场吸管取色，就表示告诉软件选区的颜色是中性灰，软件就会根据所选的中性灰进行色彩校正。一旦选的位置不正确，色彩就无法被很好地还原。这里选择灰场吸管，在打开的照片中找到中性灰位置进行取色，此时可以发现色彩发生了变化，即进行了白平衡校正。从曲线图中也能看到，红、绿和蓝 3 条曲线被分离了，这说明进行了调色操作，如图 4-55 所示。

　　这里有一个关键问题，就是中性灰是怎样确定的，怎么就能认定所选的点是中性灰呢？其实很简单，根据人们的认知，有些地面、金属、墙体等本身就是灰色的，在进行白平衡较正时，在照片中找到这些点就可以了。用吸管单击一次，如果发现无法实现准确校色，那么很简单，按【Ctrl+Z】组合键撤销，然后再次进行操作，多尝试几次总能找到合适的点。

图 4-55

图 4-55（续）

利用中性灰吸管查找照片中的中性灰位置,进行照片的白平衡校正,是非常有用的一种调色方法,并且在"色阶"面板、Lightroom 软件、"Camera Raw 滤镜"界面中,均有这一功能。

4.3 色彩空间管理

对照片进行处理后,保存为 JPEG 格式。在网络上进行分享时,经常会发现一些明显的问题,那就是在后期软件中修出的效果与上传到网络的效果差别非常大,尤其是色彩及影调方面。为什么会出现这种情况呢? 答案其实很简单,就是色彩空间的设定存在差异。

处理照片时一般会涉及两个层面的色彩空间:第一个层面是软件的色彩空间配置,也就是使用该软件进行修片时,软件会提供一个非常宽的色域,即色彩空间,以能够容纳需要处理的照片的色彩空间;第二个层面是照片自身的色彩空间,比如在拍照时,相机要为照片配置一个色彩空间,即 sRGB 或 Adobe RGB。

　　这时就存在一个问题，如果软件的色彩空间设置得比较小，为 sRGB 色彩空间，而照片是色域比较大的 Adobe RGB 色彩空间，那么照片导入 Photoshop 后，由于 Photoshop 中的色彩空间比较小，容纳不了照片的色彩空间，就必然会造成色彩信息的溢出，即损失一些色彩信息。由此可见，Photoshop 自身的色彩空间应设置得大一些，至少应设置为 Adobe RGB 色彩空间，或更大的色彩空间。

　　在 Photoshop 的主界面打开一张照片后，选择菜单栏中的"编辑"→"颜色设置"选项，如图 4-56 所示。

图 4-56

　　此时会打开"颜色设置"对话框，如图 4-57 所示。

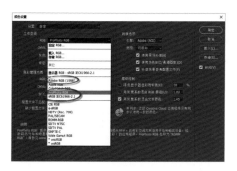

图 4-57

　　在"工作空间"选项组中打开"RGB"下拉列表，可以看到有多种色彩空间可供选择，常用的有 sRGB、Adobe RGB 等。ProPhoto RGB 色彩空间是近年来 Adobe 公司推出的一种色域非常宽广的色彩空间，比 Adobe RGB 色彩空间还要大。将色彩空间设置为 ProPhoto RGB 后，无论在 Photoshop 中打开什么样的照片，一般都不会出现色彩信息溢出的问题。当然，对于一般的照片处理来说，无论将 Photoshop 配置为 ProPhoto RGB 还是 Adobe RGB，均是可以的。因为从当前来看，ProPhoto RGB 的普及范围还是比较小的，而 Adobe RGB 色彩空间的色域也算比较宽广，并且普及范围更广一些。

照片色彩空间 ▶

选择菜单栏中的"编辑"→"转换为配置文件"选项，打开"转换为配置文件"面板，如图 4-58 所示。在"源空间"选项组中可以看到配置文件的色彩空间为 Adobe RGB，这表示在 Photoshop 中打开的工作平台自身的色彩空间是 sRGB。在"目标空间"选项组中可以看到配置文件的色彩空间为 sRGB，这表示对照片进行后期处理后，无论照片原来是什么色彩空间，在后期输出时都会将其色彩空间配置为 sRGB。这种配置对于大部分用户来说是比较适合的，因为 sRGB 色彩空间比较适合在显示器、网络等各种显示设备上浏览和观察，所以推荐大多数用户使用这种配置。如果照片有印刷或冲洗的需求，那么可以将配置文件设置为 Adobe RGB，这样照片的色彩空间就会宽广一些，打印、印刷或喷绘出的效果会更理想。但如果选择 Adobe RGB 色彩空间，那么在网络上浏览时可能会产生一些色彩的偏差，与输出时的照片感觉不同。但无论如何，应了解原空间及目标空间的配置文件，这样在遇到处理后的照片与输出的照片不一致的情况时，就会明白是色彩空间不一致造成的，也就知道了解决方法。

图 4-58

需要重点说明的是：如果发现了色彩不一致的问题，比如在 Photoshop 中看到照片的色彩及影调都非常漂亮，但转为 JPEG 格式后在其他软件上浏览时，色彩变得灰暗难看，那么应该在"转换为配置文件"面板中，将目标空间下的配置文件转为 sRGB 的色彩空间，然后再保存照片。这时会发现，色彩变得一致了。

相机色彩空间 ▶

在数码相机内，拍摄照片之前可以设定 sRGB 或 Adobe RGB 色彩空间，如图 4-59 所示。但实际上，相机内的色彩空间设置主要是针对 JPEG 格式的照片而言的。如果只拍摄 RAW 格式，那么这种色彩空间的设定就没有太大意义，因为 RAW 格式文件本身就是理想的色彩空间。

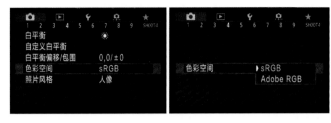

图 4-59

4.4 关于照片颜色模式的说明

颜色模式是指电子设备处理景物颜色信息的算法，当前主流的颜色模式有 3 种，分别是 RGB 颜色模式、CMYK 颜色模式、Lab 颜色模式。在 Photoshop 的 "模式" 菜单中选择不同的颜色模式，即可将照片改为相应的模式，如图 4-60 所示。

图 4-60

 RGB 颜色模式 ▶

RGB 颜色模式主要用于显示电子设备，如显示器、投影仪等的影像，其原理是 R 红、G 绿、B 蓝三原色进行叠加，显示出不同的色彩，如图 4-61 所示。过去几十年里，数码显示设备往往使用红、绿、蓝 3 种颜色的显像管激发不同色彩的射线，最终进行混合，显示出我们最终看到的影像；近十年来，液晶显示设备成为主流，但使用的依然是红、绿、蓝 3 种颜色的晶体管混合进行显像的技术。当前，RGB 颜色模式是影像拍摄、后期处理、显示浏览等最常见也最重要的模式。

图 4-61

对于一般的摄影爱好者来说，几乎可以忽略 CMYK 和 Lab 模式，只要使用 RGB 颜色模式就可以了。

CMYK 颜色模式 ▶

CMYK 颜色模式主要用于印刷行业，是指将不同色彩的颜料进行混合，产生新的色彩。这种模式的优势在于可控制印刷中的颜料混合比例，但在控制计算机中色彩的显示方面并不擅长，所以在日常的照片管理和后期处理中，与这种颜色模式基本上是没有多少交集的。

C（Cyan）代表青色，M（Magenta）代表品红色（又称为"洋红色"），Y（Yellow）代表黄色，K（Key Plate，即 blacK）代表黑色。

Lab 颜色模式 ▶

Lab 是一种基于人眼视觉原理的颜色模式，理论上包括了人眼所能看到的所有颜色。在长期的观察和研究中，发现人眼一般不会混淆红绿、蓝黄、黑白这 3 组共 6 种颜色，这使研究人员猜测人眼中或许存在某种机制能分辨这几种颜色。于是，有人提出可将人的视觉系统划分为 3 条颜色通道，分别是感知颜色的红绿通道和蓝黄通道，以及感知明暗的明度通道。这种理论很快得到了人眼生理学的证据支持，从而迅速普及。经过研究人们发现，如果人的眼睛中缺失了某条通道，就会产生色盲现象。

国际照明委员会依据这一理论建立了 Lab 颜色模式，后来 Adobe 将 Lab 模式引入了 Photoshop，将它作为颜色模式置换的中间模式。因为 Lab 模式的色域最宽，所以其他模式被置换为 Lab 模式时，颜色没有损失。在实际应用中，在将设备中的 RGB 模式照片转为 CMYK 颜色模式准备印刷时，可以先将 RGB 转为 Lab 颜色模式，这样就不会损失颜色细节，再从 Lab 转为 CMYK 颜色模式。这也是之前很长一段时间内，影像作品印刷前的标准工作流程。

关于颜色模式的特别说明 ▶

Photoshop 中仍然保留了 Lab 模式，可以在 Lab 模式下进行调色、锐化处理，这主要是借助于该模式色域较宽的特点，可以显示出某些特殊色彩的层次和细节。例如，RGB 颜色模式下，绿色与红色之间的过渡色很少，在观察这两种色彩之间的像素细节时可能有些问题，但转为 Lab 模式后却可以弥补这种不足，显示出原本无法显示的色彩细节和层次。

随着技术的不断发展，后期软件的计算和显示能力越来越强，Lab 模式在调色及锐化方面的优势已经变得越来越小，本书中的后期处理都是基于 RGB 颜色模式。

如果对比 RGB 与 CMYK 颜色模式的照片，就会发现 RGB 模式的照片饱和度稍高、对比度和明度都非常理想，视觉效果较好。将 RGB 照片转为 CMYK 后会发现，色彩变得暗淡，非常难看。在印刷时，将 RGB 转为 CMYK 后，通常要对照片进行调整，提高饱和度、对比度和亮度。

05

CHAPTER

照片画质控制：
锐化与降噪 ▾

　　锐化调整是非常有用的功能，可以增大照片中像素边缘的对比度，强化像素的边缘轮廓，提升像素清晰度，让照片的细节表现力更出众。合适的锐化几乎可以起到扭转乾坤的作用，让一般镜头拍摄的照片呈现出堪比顶级镜头的画质。降噪是与锐化相对的功能，可以抑制弱光下高感或长时间曝光拍摄带来的噪点，并可以改善细节过渡不够平滑的问题，让照片画质平滑细腻。

　　本章将介绍照片锐化和降噪的知识，帮助读者轻松优化照片画质。

5.1 理解锐化

为什么要锐化 ▶

在电脑上打开一张用数码单反相机拍摄的照片，再打开一张用普通数码相机拍摄的照片（也可以是高像素智能手机拍摄的照片），可能会发现一个问题，在不放大照片的前提下，单反相机拍摄的照片画面往往会给人柔和的感觉，不够锐利和清晰，有时甚至不如数码相机拍摄的照片那样色彩明快、画质清晰。

之所以会出现这种现象，有以下两个原因。

（1）数码单反相机特意设定了低锐度输出。

普通数码相机和智能手机的摄影功能，主要针对的是普通大众。该用户群体大多没有能力对拍摄的照片进行后期处理，但为了让用户能够看到更好的效果，生产厂商就在数码相机和智能手机内集成了色彩和清晰度的优化程序。用户拍摄完成后，设备在内部就对照片进行了自动优化，这样照片输出到电脑上后不用再做任何处理，就可以达到鲜艳、清晰的程度，以满足一般纪念、网络分享等需求。这一点对于普通用户来说是非常实用的。

与普通用户不同的是，单反相机用户在前期拍摄照片后，往往还要进行一定的后期处理，以使照片变得更有魅力。基于这一点，为了避免在相机内进行优化时损失细节，相机厂商没有进行任何机内优化处理，而是为专业用户提供了包含几乎所有拍摄信息的原始照片，提供了更为广阔的后期创作空间。但要注意，相机输出的 JPEG 格式照片虽然经过了机内优化处理，但程度并不算太高，所以包含的信息量仍然非常大，远非一般数码相机和智能手机能相比的。那么问题就产生了，单反相机输出照片时不会将对比度提到很高的程度，否则会让高光和暗部损失一定的细节，但这种低反差也会让照片的色彩看起来不够饱和，清晰度不够高。只有对单反相机所拍摄的照片进行后期处理后，照片在影调层次、色彩再现和细节刻画等方面才会产生魅力。

（2）低通滤镜对照片锐度的干扰。

拍摄照片时，进入相机的光线远没有我们想象的那么简单，除可见的太阳光线之外，还有红外线、紫外线等非可见的射线，可见光波及相邻射线如图 5-1 所示。

可见光之外的射线虽然是人眼不可见的，但对于图像传感器却会产生一定的干扰。这样在最终成像的画面中就会产生大量的杂讯、伪色和摩尔纹等。如图 5-2 左图所示，天文望远镜中间的摩尔纹在原图状态下不是特别明显，但放大后就变得特别明显，如图 5-2 右图所示。

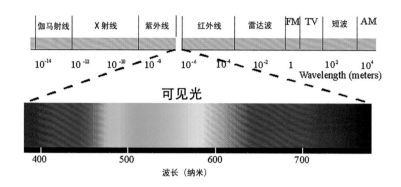

图 5-1

图 5-2

　　为了消除伪色及摩尔纹等干扰因素，提升照片画面的品质，相机厂商在图像传感器前增加了一些过滤装置，对射入相机的干扰射线进行过滤。这种过滤装置主要是低通滤波器。当前，大部分数码单反相机都有低通滤波器，用于过滤干扰射线。低通滤波器虽然能消除成像时产生的伪色和摩尔纹，但却会造成照片锐度下降。所以在将照片导入电脑后，放大到 100% 观察时，画质可能没有想象的那么清晰、锐利。

锐化效果 ▶

　　为消除摩尔纹和伪色，数码单反相机都有低通滤波装置，这会对输出照片的清晰度有一定程度的影响；为了便于专业摄影师进行后期处理，相机厂商进一步降低了输出照片的锐度。正是这两个原因，让照片的锐度不能令人满意，虽然照片画面细腻平滑，但像素边缘轮廓会显得模糊。为了减少这类不利的影响，就需要利用后期软件的锐化技术，让照片细节的边缘变得清晰。也就是说，锐化处理的目的是使像素的边缘、轮廓线以及细节变得清晰。

虽然计算机软件技术非常强大，但却不够智能，需要人为进行设定操作，才能让处理后的照片符合人们的审美要求，后期锐化也是如此。

图 5-3 至图 5-6 展示了照片原片及锐化后的几种主要状态。

图 5-3

原片效果：画质细腻平滑，但仔细观察人物面部，可以发现清晰度并不高，有点过于柔和了，给人一种朦胧的感觉。

图 5-4

成功锐化：无论是从面部还是发丝部位，都可以发现锐度得以提高。虽然画质平滑程度有所下降，但相比清晰度的提高，也就微不足道了。

这是一种经过适当、合理锐化后得到的理想效果。

图 5-5

失败锐化——亮边明显：照片的锐度得到了极大的提高，却存在明显问题。仔细观察可以发现，人物面部的一些细节过渡部分极不自然。最典型的莫过于面部轮廓线部分出现了非常明显的亮边，其他五官部位也有亮边现象。

图 5-6

失败锐化——噪点过重：照片的锐化效果没有图 5-3 和图 5-5 的缺陷，与图 5-4 效果比较接近，但也存在明显的问题。观察发丝部位可以发现有大量噪点，头发部分的彩色噪点及杂色也非常明显。

从前面的几种锐化效果可以看到，后期锐化并不是那么简单的，如果处理不当，就无法获得想要的效果。锐化是一种有技术含量的后期处理操作，能否将照片锐化到位，就看能否合理地运用 Photoshop 提供的锐化工具了。

USM 锐化

Photoshop 中有多种锐化滤镜可以使用，其中 USM 锐化是非常好用的一种，用户的认可程度也比较高。打开要进行后期锐化的照片，在"滤镜"→"锐化"菜单中选择"USM 锐化"选项（USM 是 Unsharp Mask 的简写），即可打开"USM 锐化"面板，如图 5-7 所示。

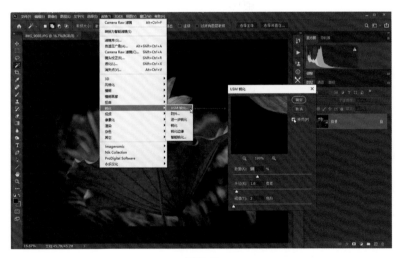

图 5-7

在面板中，有数量、半径和阈值 3 个滑块。数量是指进行 USM 锐化调整的强度，数值越大，锐化的效果越明显。半径是指锐化处理时边缘像素之外的像素范围，通常半径值越大，效果越明显，但容易产生亮边，让画面变得不够自然。阈值是指锐化的边缘像素与相邻像素之间的明暗差别，如果阈值被设置为 0，那么即便相邻像素与边缘像素没有明暗差别，也会被锐化；如果阈值被设置为 5，则只有亮度差别超过 5（差异范围为 0~255）时，相邻像素才会被锐化。通常情况下，阈值越低，锐化效果越明显。

下面通过图 5-8 来进行具体说明。红色框中为锐化的边缘像素，设定半径为 6，即箭头覆盖的区域。如果设定阈值为 0，那么所设定半径范围内的像素都会被锐化；如果设定阈值为 3，那么亮度为 9 和 10 的两列像素就不会被锐化（因为与边缘像素的亮度 8 之间的差距都不超过 3），只有另外 4 列像素会被锐化。也就是说，阈值是对半径这一锐化参数所限定的条件的补充。

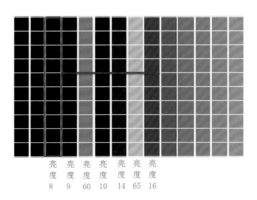

图 5-8

打开要处理的照片，进入"USM 锐化"面板后，利用鼠标在工作区的照片上进行定位，单击某个位置，即可让该位置显示在面板的预览区域，然后将预览窗口的放大倍率设定为 100%，这样在拖动数量、半径和阈值 3 个滑块时，就可以通过预览窗口看到非常清晰的调整效果了，如图 5-9 所示。

图 5-9

下面来看不同参数设定对锐化效果的影响，如图 5-10 所示。左图是没有进行锐化处理的原图，可以发现虽然画面比较平滑细腻，但轮廓不够鲜明；中图是锐化后的效果，可以发现照片边缘细节丰富，轮廓清晰，美中不足的是，在锐化过程中噪点也变得更加明显了，预览窗口左侧的黑色部分愈发明显；右图是适当提高阈值后的效果，可以发现轮廓清晰度虽有少许下降，但噪点也受到了抑制，算是一种比较均衡的效果了，但这种效果并不算特别理想。

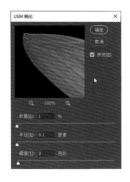

图 5-10

在 USM 锐化过程中，数量、半径和阈值 3 个参数的设定是有一定规律可循的：锐化的数量一般应设定为 50%~300%；半径值一般应设定为 1~2，最高也不宜超过 2；对于阈值来说，采用默认的 0 即可，但如果画面中出现了大量的噪点，也可以适当提高到 3，最高不宜超过 5。

TIPS

在"USM 锐化"面板中，用鼠标单击预览窗口内的照片，可以回看照片在锐化处理前的效果，这样可以实时对比照片锐化前后的效果。

下面来看照片锐化前后的效果对比，图 5-11 中的左图为原照片，右图为锐化后的效果，可以发现处理前后的效果差别很大，并且处理后的画面锐利清晰了很多。美中不足的是，照片中的噪点也明显了很多。不要着急，本章的后面将详细介绍消除这些噪点的技巧和方法。

原照片

锐化后

图 5-11

5.3 智能锐化功能详解

　　仅从锐化的功能来看，智能锐化比 USM 锐化要强大很多。打开照片，在"滤镜"→"锐化"菜单中选择"智能锐化"选项，即可打开"智能锐化"面板。与"USM 锐化"面板相比，主要功能中的数量和半径两个参数基本上是一样的，区别在于该面板的中间部位，阈值变为了减少杂色，如图 5-12 所示。

图 5-12

　　这个"智能锐化"面板与一般的面板不太一样，鼠标移动到面板边线，待鼠标指针变为双向箭头后，可以拖动改变该面板的大小。可以 100% 的比例显示更大的照片区域，便于在调整照片时随时观察。还可以用鼠标在工作界面中合适的位置单击，改变放大的预览区域。另外，还可以在"智能锐化"面板中利用鼠标拖动进行调整，如图 5-13 所示。

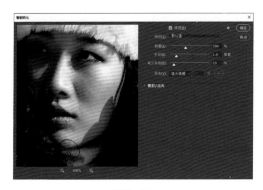

图 5-13

　　打开"智能锐化"面板后，系统默认已经对照片进行了处理（数量 200%、半径 1.2、减少杂色 10%，这组参数是之前某一次使用该功能时的设定）。这种系统默认的设置并不一定能够达到我们的要求，所以还是应该进行手动调整。具体锐化时，先将锐化的数量设定为 300%，然后开始慢慢提高半径值，在半径值达到 1.5 时会发现许多位置的边缘出现了明显的亮边，已经让画面失衡。因此将半径缩回来一点，在 1.3 时既确保了画面有足够的锐化度，又没有明显的亮边。这也是使用智能锐化调整时的一般思路。

　　这个时候，就可以对比锐化前后的效果了。具体方法很简单，在预览窗口内按住鼠标左键不放，就变为锐化前的效果，松开鼠标后就是锐化后的效果，如图 5-14 所示。

图 5-14

　　"智能锐化"面板中去掉了"阈值"参数，以"减少杂色"参数作为替代。该功能是做什么的呢？打开面板后，发现该参数默认为 10%，在前面锐化效果的基础上，将"减少杂色"这一参数归0，可以看到，照片中的背光区域出现了大量的噪点和杂色，如图 5-15 所示。将该参数适当提高，可以发现杂色和噪点开始减少，将参数设定为 50，就会发现噪点和杂色没有了，但之前的锐化效果也没有了，如图 5-16 所示。通过比对，发现将减少杂色参数设定为 6% 左右时，效果是最好的，优于默认的 10%，如图 5-17 所示。

　　从效果上看，"减少杂色"参数的工作原理是阻挡锐化处理时噪点和杂色的产生，而不是通过遮挡噪点来进行降噪。虽然提高该参数值可以阻挡噪点和杂色的产生，但如果该值设定过大，同样会阻挡锐化的效果，因此通常情况下不宜设定过大（一般不宜超过 40%）。

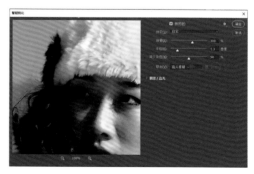

图 5-15　　　　　　　　　　　　　　　图 5-16

图 5-17

　　"智能锐化"面板中的"移去"下拉列表中有高斯模糊、镜头模糊和动感模糊 3 个选项。不用考虑太多，直接设定为镜头模糊即可，这样可以对一些镜头性能不够理想的设备拍摄的照片进行优化。

　　对数量、半径和减少杂色 3 个参数进行了具体设定之后，照片的锐化处理也就完成了，处理前后的效果对比如图 5-18 所示。

图 5-18

 5.4 智能锐化——区别影调的分区锐化

　　智能锐化功能非常强大，前面只是介绍了该功能的一部分而已。可以看到，在"智能锐化"面板中还有一个"阴影/高光"功能。为了更清楚地展示该功能，再次打开那张荷花照片，在"滤镜"→"锐化"菜单中选择"智能锐化"选项，打开"智能锐化"面板，单击"阴影/高光"文字，即可展开该选项，如图 5-19 所示。

此时系统默认的参数是对之前的设定，这里保持即可。从展开的选项区域能够看到，有阴影和高光两个区域，均有"渐隐量""色调宽度"和"半径"3 个调整滑块。这两个区域能够实现什么效果呢？答案很简单，就是降噪，即消除对照片进行锐化时产生的噪点和杂色。也可以认为是减少杂色功能细化为了这两个选项，分别对照片的阴影和高光部分进行降噪处理。

通常情况下，照片中产生噪点的位置主要是阴影部分，所以此处调整的重点也是在"阴影"区域。从面板的预览区域中可以看到，荷花花瓣之外的阴影部分产生了密集的噪点，让画质不再平滑。调整时也非常简单，直接拖动"渐隐量"滑块到 100%，观察照片可以发现，阴影区域的噪点变少了，效果如图 5-20 所示。

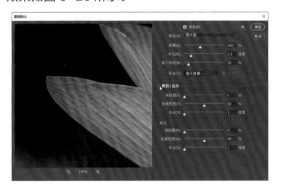 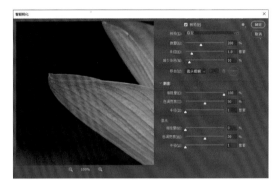

图 5-19　　　　　　　　　　　　　　　　　　　图 5-20

与基本处理中的"减少杂色"参数不同，当拖动阴影区域中的"渐隐量"时，只有暗部的噪点被消除了，亮部的荷花花瓣的锐度并没有下降。也就是说，与减少杂色功能相比，利用"阴影 / 高光"中的降噪，可以更精准地控制照片中的噪点，使照片的优化效果更理想。

色调宽度和半径这两个参数，前面已经多次介绍过了，这里就不再赘述了。

对于照片的高光区域，如图 5-21 左图所示，仔细观察可以发现，几乎是没有噪点和伪色的，也就没有必要进行降噪处理了。并且，即使将高光区域的"渐隐量"提高到 100%，效果如图 5-21 右图所示，与原图对比几乎没有变化，仔细观察会发现反而不如原图锐利和清晰了。所以，对于高光区域，只要不是夜景，就不建议进行过多的设定和调整，将"渐隐量"置于 0 的位置即可。

原图：渐隐量为 0　　　　　　　　　　　降噪后：渐隐量为 100%

图 5-21

TIPS

智能锐化远比 USM 锐化强大和全面，但大部分摄影爱好者仍然首选 USM 锐化。
为什么呢？因为使用智能锐化功能时，会占用大量的系统资源，实在太慢了，并且其
降噪功能并不算特别专业。专业摄影师更喜欢快速锐化照片，然后利用专业的降噪功
能进行降噪处理，也就是本章最后将要介绍的内容。

5.5 降噪改善画质

如果照片中有大量的噪点，肯定是一件令人头疼的事情，因为众多的单色和彩色噪点破坏了画
面质量。在本章前面的内容中并没有对噪点进行太多的介绍，那么接下来就对噪点的产生及控制进
行相对系统的分析。

噪点产生的 3 个原因 ▶

从照片画面进行逆向分析，以产生的原因来划分，噪点主要有以下 3 种。

（1）相机高感广度设定或长时间曝光带来的噪点。在面对弱光场景时，不巧又没有携带三脚架，
为了避免手持拍摄带来的抖动模糊，只有提高相机的感光度以获得足够短的曝光时间。提高感光度
以获得更短曝光时间的原理是对相机的感光性能进行增益（比如乘以一个系数），增强或降低成像
的亮度，使原来曝光不足的画面变亮，或使原来曝光正常的画面变暗。这就会造成另外一个问题，
在加亮的同时会放大感光元件中的杂质（噪点），这些噪点会影响画面的效果，并且 ISO 感光度数
值越高（放大程度越高），噪点越明显，画质就越粗糙。

面对弱光时，即便使用了三脚架降低感光度拍摄，仍然存在噪点。因为长时间的曝光在增加画
面曝光度的同时，也会让感光元件上的杂质获得更多的曝光量，从而变得明显起来。也就是说，无
论是高感光度拍摄还是低感光度＋短时间的快门速度，都会无可避免地让拍摄的照片中产生噪点。

（2）相机内光电信号转换带来的杂讯。相机感光元件接收光信号，然后转换为数码电信号的
过程中，会有一定的杂讯，这些杂讯也会让最终的照片产生一定的噪点，如图 5-22 所示。但因为
光电信号转换而带来的噪点是非常少的，可以忽略不计。

图 5-22

（3）对照片进行后期锐化时产生的噪点。锐化的原理无非是增加像素边缘的对比，所以锐化过程中也会让噪点像素得以锐化而变得突出，这样看来只要进行锐化操作，噪点就是无法避免的。

从噪点产生的原因来看，拍摄的所有照片都是存在噪点的。在光线不理想的场景中，噪点的影响被无限放大了，所以照片中的噪点是非常明显的；在光线比较明亮的场景中，一般采用低感光度＋短曝光时间的组合来拍摄，这样就可以将噪点控制在一个很低的水平，如果不是将照片放大到100% 仔细观察，几乎很难发现；另外，明亮场景中的照片本身就很少有噪点，即便进行简单的锐化，噪点也不会过于明显。

消除噪点的两种思路 ▶

针对照片中的噪点，有两种降噪方案。第一种是在拍摄时利用相机内的高 ISO 感光度降噪功能和长时间曝光降噪功能，如图 5-23 所示。这种降噪功能的原理是，相机在拍摄完毕后在后台再进行一次拍摄（当然第二次拍摄我们是不知道的）。第一次拍摄是正常拍摄，第二次拍摄则是用相同设定获得一张完全黑色的画面，这张完全黑色的画面中只呈现出较为明显的亮点（也就是噪点），然后相机对两张照片进行对比计算，删掉正常拍摄的照片中明显的噪点。

图 5-23

对于高感光度降噪，整个过程很快就能完成，对实际的拍摄没什么影响。但对于长时间曝光降噪来说，第二次拍摄黑色画面的过程要与曝光时间相同，这就比较麻烦了。例如，拍摄一张曝光时间为 10 分钟的照片，曝光结束后，相机还要再花费至少 10 分钟的时间来拍摄第二张黑色画面进行对比降噪。也就是说，拍摄一张曝光时间为 10 分钟的照片，加上机内降噪，就要花 20 分钟才能完成整个拍摄过程。看出问题了吗？这种长时间曝光降噪的时间成本会很高。另外，这对相机的电量也是非常大的消耗。所以，大多数摄影者都选择使用高感光度降噪。

第二种降噪方案是本章讨论的重点，即利用后期软件对照片进行降噪。这种降噪的原理是，软件通过复杂的计算查找画面中的噪点，进而覆盖这些噪点，达到降噪的目的。

当然，无论是相机内降噪还是利用后期软件降噪，在消除噪点的同时必然会发生"误伤"，也就是会消灭一部分有效的像素，这样就会对照片的细节和锐度产生一定的消极影响。用通俗的话来说，虽然降噪可以消除噪点，但往往是以牺牲细节和画面锐度为代价的。而成功的降噪则是通过合理的操作和设定，找到一个既能兼顾降噪效果，又能保持丰富细节与锐度的平衡点。

Photoshop 中的降噪操作 ▶

在对照片进行锐化处理时，我们曾经接触过智能锐化，但智能锐化中的减少杂色和渐隐量调整的主要功能是阻挡锐化时产生过于明显的噪点，并不是专业的降噪功能。针对噪点严重的照片，Photoshop 中进行降噪的工具是"减少杂色"滤镜。打开需要降噪的照片，在"滤镜"→"杂色"菜单中选择"减少杂色"选项，打开"减少杂色"面板。有关预览位置的确定，以及预览比例的放大和缩小，与之前介绍过的许多锐化面板的操作是一样的，这里不再赘述。对于参数的设定，可以先将其中的 4 个可调整参数都归为 0，这样可以直接观察到未降噪的原照片效果，如图 5-24 所示。

在"减少杂色"面板中，有强度、保留细节、减少杂色和锐化细节 4 个可调整参数，调整时以拖动滑块的方式进行，非常直观。在降噪时，主要使用强度和减少杂色这两个参数。现在，将强度滑块调整到 10，其他参数保持不变，从预览窗口可以发现已经消除了大量的噪点，效果如图 5-25 所示。

图 5-24

可以看到，对照片进行降噪强度调整之后，效果是非常明显的，较小的噪点已经被覆盖了，画面变得平滑了很多。但仍然存在问题，虽然单色的噪点大部分被消除了，但彩色的噪点仍然很明显，这需要通过调整"减少杂色"参数来进行处理。将"减少杂色"值提到最高，也就是 100%，效果如图 5-26 所示。可以看到，彩色噪点已经被消除了。

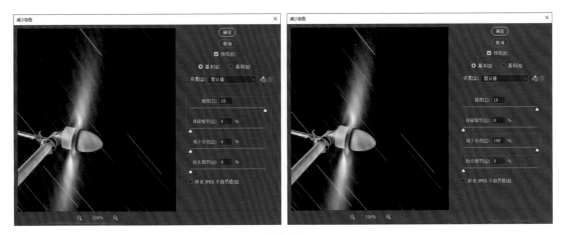

图 5-25

至此，降噪过程就完成了。降噪前后的效果对比如图 5-26 所示。

图 5-26

面板中还有保留细节和锐化细节这两个参数没有介绍。"保留细节"参数，顾名思义，用于保留被降噪操作消除的部分细节。因为在降噪消除噪点的同时，也会消除一部分有效像素，让照片损失大量的细节。提高"保留细节"参数值，可以抵消一部分降噪操作，不让照片的细节损失太严重，如图 5-27 所示。"保留细节"调整的效果非常明显，轻微的提高就会让降噪效果大打折扣。所以在实际应用中要谨慎使用，不能将该参数值设定得过大。

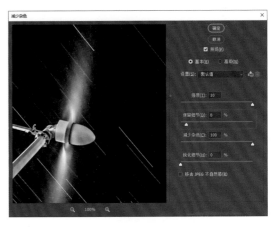

图 5-27

"锐化细节"用于抵消降噪带来的照片锐度下降。虽然适当提高该参数可以避免照片锐度下降，但该参数的调整效果并不是特别明显，实际应用中也并不常用，因为可以使用 USM 锐化或智能锐化功能进行锐化操作。

·06
CHAPTER

无痕移除干扰元素：
照片瑕疵修复技术 ˇ

镜头上的污渍、感光元件上的灰尘，都可能在最终拍摄的照片中留下污点。另外，拍摄场景中的杂物也可能会对主体形成干扰，如人物面部的污点、风光类照片中杂乱的电线等。

针对非常明显的污点和瑕疵，借助后期软件可以进行很好的修复。在 Photoshop 中，有 4 类常见的瑕疵修复技术，本章将逐一进行介绍。

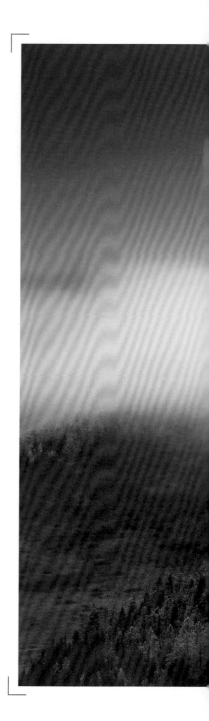

6.1 修复画笔工具组

在工具栏的修复画笔工具组中，右击"污点修复画笔工具"，可以看到这款工具下折叠了5种工具。这5种工具有不同的功能，可以针对不同的情况使用。下面就来学习这些工具的基本使用技巧。

污点修复画笔工具 ▶

污点修复画笔工具是修复画笔工具组中的第一种工具，这是一款可以自动识别并修复污点或斑点的工具。后期修片时，对于照片中绝大多数的污点，都可以使用污点修复画笔工具进行修复。

打开图6-1所示的照片，可以看到人物面部有许多黑头、痘子等瑕疵，放大照片后可以看得更清楚。针对这种面积不大，并且周边像素比较相似的小型斑点瑕疵，就可以使用污点修复画笔工具来处理。

图6-1

在Photoshop主界面左侧的工具栏中选择"污点修复画笔工具"，然后将光标移动到照片上，可以发现光标变为了圆环。将圆环状光标移动到斑点上单击，即可将其中的斑点消除。但修复斑点时可能会发现一个问题，那就是只有在圆环大小能够完全覆盖住斑点时，修复效果才比较理想。所以在修复斑点之前，应该提前设定好圆环大小（修复斑点的画笔直径大小）。

正确的处理过程是：找到污点后，先在照片中右击，弹出画笔设置面板，在其中可以设置修复污点的画笔直径大小，以能盖住污点为准，本例中将"大小"设置为19像素，然后将光标定位到污点上单击，即可将污点非常完美地消除，如图6-2所示。

当人物面部有很多斑点或其他瑕疵时，可能需要多次改变画笔直径，以应对不同大小的污点。经过修复的人物面部如图 6-3 所示。

图 6-2　　　　　　　　　　　　　　　　　图 6-3

污点修复画笔工具最大的优势就是能够快速修补画面中的某些斑点和瑕疵，它的原理是根据斑点或瑕疵周边像素的颜色、亮度等信息，混合出一个新的与周边颜色、亮度比较接近的像素区域，来替换斑点或瑕疵。当斑点与周边像素的颜色非常接近，或者周边像素没有过多纹理的时候，这种工具能够很轻松地识别污点，并且进行十分有效的修复。但如果斑点与周边像素的颜色、亮度相差比较大，或是周边像素存在一些明显的规律性纹理时（如明暗交接的区域、色彩过渡比较大的区域、纹理比较多的区域、有明显线条的边缘区域等），使用污点修复画笔工具修复斑点的效果就不够理想了。例如，图 6-4 左图所示的照片中，人物的发丝边缘部位有一颗痦子，直接使用污点修复画笔工具进行修复的效果并不理想，发丝线条变得混乱，并且有些模糊，如图 6-4 右图所示，这是因为污点瑕疵的周边像素存在明显的发丝线条。

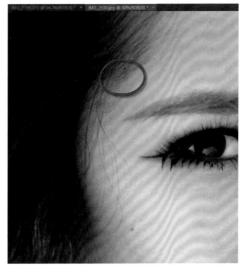

图 6-4

如果斑点或瑕疵的周边背景是明暗交接的区域、色彩过渡比较大的区域、纹理比较多的区域、有明显线条的边缘区域，该怎么处理呢？这就要使用另外的污点修复工具来进行处理了，如修复画笔工具、内容感知移动工具、仿制图章工具等。

修复画笔工具 ▶

如果周边背景像素有明显条纹等污点瑕疵，使用污点修复画笔工具无法很好地进行修复，那么可以使用"修复画笔工具"来处理。"修复画笔工具"与"污点修复画笔工具"的作用相似，都可以用于修复画面中的污点。二者的不同之处在于，使用"修复画笔工具"时，需要在画面中单击取样；而"污点修复画笔工具"则是软件自动在污点周围的区域进行取样，然后根据取样对画笔选中的污点进行像素替代。当软件的智能取样效果不理想时，用户就可以使用"修复画笔工具"在画面中手动取样。

针对能够使用"污点修复画笔工具"进行自动取样的污点，使用"修复画笔工具"手动取样，也能取得很好的修复效果。如图6-5所示，针对人物颧骨部位的污点，选择"修复画笔工具"后右击，在弹出的面板中设定合适的画笔大小，然后按住【Alt】键后单击斑点周围的区域（与斑点位置相似的区域），即可完成对该区域的取样，然后松开【Alt】键，再在斑点处单击，即可将取样点覆盖在斑点上完成修复，如图6-6所示。

图6-5

图6-6

前面演示过，使用"污点修复画笔工具"无法很好地修复发丝边缘的痦子，下面将尝试使用"修复画笔工具"来进行处理。如图6-7左图所示，在工具栏中选择"修复画笔工具"，然后在画面中右击，在弹出的面板中设置合适的画笔大小，以能覆盖住发丝部位的痦子为准。设定好画笔大小后按住【Alt】键，在与痦子部位相似的区域单击取样（本例中取样的位置在痦子的左下方），然后松开【Alt】键，将光标移动到痦子上单击，这时就可以看到痦子被很好地清理掉了，并且人物的发丝部位并没有出现混乱和模糊，如图6-7右图所示。

图 6-7

　　从本例中可以看到，"修复画笔工具"是比"污点修复画笔工具"更为强大的工具，能够处理高难度的污点和瑕疵。但在日常的后期修片中对此工具的使用并不算多，这是因为它的使用方法过于烦琐，在修复人物面部的一般污点和瑕疵时，使用操作简单的"污点修复画笔工具"就足够了。

修补工具 ▶

　　"修复画笔工具"和"污点修复画笔工具"在修复一些面积较小的瑕疵时非常有效，只要单击几下鼠标就能完成操作。但在面对一些面积较大的瑕疵时，修片效果却并不理想。面对面积较大的瑕疵时，"修补工具"可以很好地完成任务，即"修补工具"适用于面积相对较大的区域的修补。

　　下面通过具体的实例来介绍该工具的使用方法。打开图 6-8 所示的照片，可以看到照片左侧的木杆影响了画面的整体美观度，这里可以使用"修补工具"进行消除。

图 6-8

在 Photoshop 软件左侧的工具栏中选择"修补工具"，在上方的选项栏中将"修补"设置为"内容识别"，后面的参数保持默认即可。选项栏设置完毕之后，即可用鼠标在木杆周边进行选中绘制，将木杆选择出来（绘制到最后，终点接近起点时松开鼠标，蚂蚁线会自行完成连接，将选区封闭起来），如图 6-9 所示。

图 6-9

选区绘制完成后，将鼠标指针放置在选区内，然后按住鼠标左键进行移动，用选区周边的像素替换想要修补的区域，如图 6-10 左图所示。在拖动时要注意，幅度不宜过大，应该向与木杆背景相似的区域拖动。拖动到目标区域后松开鼠标，此时修补完成，按【Ctrl+D】组合键可以快速取消选区，如图 6-10 右图所示。

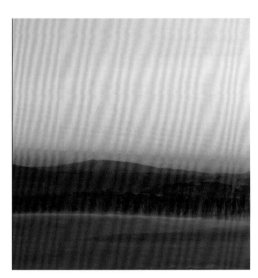

图 6-10

需要注意的是，制作选区时，尽量不要使选区的面积过大，否则修复效果可能不够理想，并留下大量的修补痕迹。对有线条或纹理的区域使用"修补工具"时，效果可能不够好。

可以看到，很快就将大面积的区域修补好了。如果修补完成后还有小面积的区域修补得不完美，可以再次利用"修补工具"在这块区域做一个小范围的选区，然后对其进行修补，如图 6-11 左图所示。经过多次对残留区域进行修补处理后，最终的画面效果如图 6-11 右图所示。

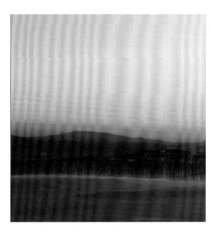

图 6-11

　　选中"修补工具"后，在上方的选项栏中可以设定一些相关的功能和参数。如果初次建立的选区太小，那么可以单击选项栏中的"添加到选区"按钮，然后在画面中按住鼠标左键拖动，将没有被选中的区域添加进来，如图 6-12 所示。如果之前建立的选区过大，则可以单击 "从选区减去"按钮，选出要减去的区域。

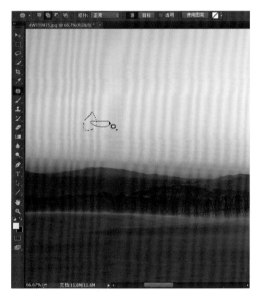

图 6-12

　　在选项栏中除了可以利用添加、减去等功能对选区的大小进行调整，还可以对修补的方式进行选择。在"修补"后的下拉列表中，有"正常"和"内容识别"两个选项。选择 "正常"选项，即对瑕疵进行正常的修补，与之前介绍的污点修复等没有本质的区别；选择"内容识别"选项，Photoshop 会根据修补区域周围的纹理自动判断，然后进行修补和填充。当图片中纹理过多时，利用这种方式修图的效果比较理想。大多数情况下，建议用户选择"内容识别"选项，如图 6-13所示。

图 6-13

·TIPS·

当然，并不是说选择"内容识别"选项就能在一切场景中都获得最佳修复效果，有时如果修复效果不理想，还可以尝试"正常"选项。

另外，在选择"内容识别"选项后，可以看到后面的结构和颜色参数。"结构"代表修补区域边缘羽化的程度；"颜色"代表修补区域与周边区域的融合程度，参数值设置得越大，修补区域的色调融合度就越高，同时纹理也会减少得越多。在具体使用时，可以通过多次修改"结构"和"颜色"，使修补区域的纹理和色彩与周边区域更加匹配。

内容感知移动工具 ▶

从污点修复的功能来看，内容感知移动工具的原理与修补工具相似，能够快速修补大面积的污点和瑕疵区域。当然，它们之间也存在差别，修补工具是将瑕疵拖到周边区域进行模拟，得到混合的数据进行自我填充；而内容感知移动工具则需要用户选中周边正常的区域，将其覆盖到瑕疵区域上，直接进行填充和修复。

在图 6-14 所示的照片中，首先在工具栏中选择"内容感知移动工具"，界面上方的选项栏保持默认设定。

本例中要将黑色的牛清除，那就在这头牛旁边与其相似的区域建立选区，选区大小以刚好能覆盖住这头牛为准，如图 6-15 所示。

图 6-14

图 6-15

建立选区之后，将这个选区移到要修补的区域，它会进行内容识别，按【Enter】键即可完成修补操作，替换要修补的区域，但此时会发现之前制作的选区变模糊了，如图 6-16 所示。这是因为当前在 Photoshop 工作区上方选项栏中设置的模式是"移动"，所以它会用选区源点去替换修补点，即原选区的像素被移走了，因此还需要进行一次填充。

图 6-16

正确的方式应该是设置模式为"扩展"，将原选区复制到修补区域。选择"移动"就相当于将原选区剪切下来粘到了修补区域，这样剪掉的部分也需要经过混合填充，效果自然会有些差；而选择"扩展"则是将原选区内容复制下来粘到修补区域，这样原选区的像素不会产生变化，效果自然会好很多，如图 6-17 所示。

图 6-17

　　如果仅从污点修复的功能来看，内容感知移动工具的原理与之前介绍的修复工具是相似的，但内容感知移动工具的功能并不止于此，下面通过一个例子来说明该工具的其他用途。如图 6-18 所示，选择"内容感知移动工具"，模式设定为"扩展"，然后为照片中白色和红色的牛建立选区，拖动选区到旁边。

图 6-18

　　此时就会发现照片上出现了完全一样的两组牛，右击照片，在弹出的菜单中选择"水平翻转"选项，对复制出来的牛进行水平翻转处理，然后拖动这组牛周边的方框，对其进行旋转或其他角度的调整，如图 6-19 所示。调整完毕后，按【Enter】键取消调整方框，再按【Ctrl+D】组合键取消选区，照片的最终效果如图 6-20 所示。

图 6-19   图 6-20

从这个案例可以知道，内容感知移动工具的功能并不仅限于修复瑕疵，它还可以进行内容复制，使用该工具能够无痕地仿制出许多画面中原本就存在的重要对象。

红眼工具 ▶

修复工具组中的最后一款工具为"红眼工具"，红眼是因为弱光下人眼瞳孔会扩大以增强入光量，在遭到强烈闪光灯直射，照亮眼底的毛细血管而产生的。

打开需要去除红眼的人物照片，如图 6-21 所示。

图 6-21

　　在工具栏中选择"红眼工具"，然后在其选项栏中设置"瞳孔大小"和"变暗量"。"变暗量"越大，去红眼的效果越好，因为它可以降低饱和度，调低红色的明度。正常情况下，没有必要对选项栏中的参数进行过多的调整，这里采用的是默认设置。

　　在照片中拖动鼠标即可框选出眼球区域，松开鼠标就可以看到红眼现象有所改善，如图 6-22 所示。

图 6-22

　　接下来，用同样的方法对另一只眼睛进行修复，如图 6-23 左图所示。有时候一次修复之后的效果并不完美，所以可能需要进行多次修复。照片最终的效果如图 6-23 右图所示。

图 6-23

6.2　仿制图章工具

相对于智能修复工具组中的其他工具，仿制图章工具可以说是最不智能的。这款工具不像其他工具那样，可以自动识别要修复区域周边像素的亮度和色彩，从而进行自动修复，而是在设定复制源后，将其粘贴到想要修复的位置。

这种不"自作主张"，而是单纯的复制行为看似"愚蠢"，但有时却很好用。因为它不会让一些存在明显轮廓的景物边缘出现模糊，并且能够忠实地执行用户做出的操作决定。下面通过具体的实例来介绍仿制图章工具的使用技巧。打开图 6-24 所示的照片，我们要做的是将左侧的电线和中间的那匹马清除掉。

图 6-24

在工具栏中选择"仿制图章工具"，右击，在面板中设定合适的画笔大小，然后按住【Alt】键在左侧的电线上方单击取样，松开【Alt】键，将鼠标移动到电线上单击，就可以将画笔覆盖的电线部分消除。在具体处理时，取样后可以将画笔放在电线上按住拖动涂抹，很容易就将电线消除掉了，具体操作如图 6-25 左图所示，修复后的效果如图 6-25 右图所示。

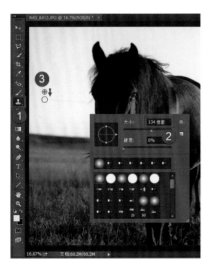

图 6-25

　　针对本图中电线的修复，使用前面介绍过的污点修复画笔工具、修复画笔工具、修补工具、内容感知移动工具等也都可以实现。但接下来对中间马匹的修复操作，最好的选择就是仿制图章工具。

　　继续使用仿制图章工具，在靠近中间马匹的周围区域取样，进行仿制操作，将马匹外侧一些比较容易修复的区域处理好，如图 6-26 所示。

图 6-26

　　如果对两匹马交界的位置进行仿制，就会发现难度很大，很难仿制出很好的边缘效果，怎么办呢？针对这种情况，一般需要为边缘建立选区，只对选区内的部分进行仿制操作。如图 6-27 所示，选择多边形套索工具，设定羽化值为 1（轻微的羽化可以让边缘更加平滑，但如果羽化值过大，则会让边缘变得模糊），将中间马匹残留的部分选择出来。需要注意的是，边缘部分要选择得精确一些。

图 6-27

　　建立选区之后，再次选择仿制图章工具。取样时不必考虑选区的问题，根据自己的需要进行取样即可。例如，要处理中间马匹的腿部时，找到合适的位置取样即可，如图 6-28 所示。

图 6-28

经过多次取样并处理，可以将中间的马匹修复掉。由于我们建立选区进行了限定，所以修复的区域只限于选区内的部分，而不会让前方马匹的边缘产生混乱和模糊。需要注意的是，天空与草原交界的位置，应该在右侧显示出的天际线位置取样，如图 6-29 所示。

图 6-29

利用仿制图章工具进行瑕疵的修复和消除，可以看到软件只是忠实地执行了定好的复制操作，而没有随意去进行智能化的混合，进而填充目标区域，所以没有产生大量模糊的区域，这从修复后的效果也可以看出来。通过建立选区并进行初步修复，此时的照片效果如图 6-30 所示。因为还要进行多次仿制图章操作，这样的话大量的历史记录很快就会覆盖之前的一些操作记录，所以到了一些关键的步骤时，要注意在其历史记录前面单击"设置历史记录画笔的源"按钮，这样就标记下了该关键步骤，如图 6-30 所示。

图 6-30

从此时的处理效果可以看出两个问题：第一，远处马匹的屁股位置有些残存区域没有处理完全；第二，前方马匹右侧边缘处的线条不够平滑。

针对远处马匹后方的残留问题，使用仿制图章工具进行再次修复即可，修复后的效果如图 6-31 所示。

图 6-31

最后就是对边缘位置的处理，这也是非常关键的一个步骤。只有对边缘控制到位，最终处理的效果才会看起来更加真实自然。

要让生硬的边缘线条变得柔和平滑，可以选择不规则形状的画笔来修复马匹边缘的轮廓线，使背部边缘不至于太过规则。如图 6-32 所示，选择"仿制图章工具"后，在选项栏的笔刷列表中选择图示的笔刷，设定笔刷大小并拖动鼠标调整笔刷的方向，设定好之后，将笔刷放在边缘位置进行仿制图章的操作。

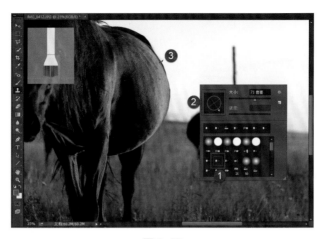

图 6-32

　　经过使用特殊笔刷的仿制图章操作，最终可以让边缘部位变得更加柔和、平滑，照片效果也会
变得更加真实、自然，如图 6-33 所示。

图 6-33

 利用填充命令修复瑕疵

　　在 Photoshop 中，对照片瑕疵的修复主要依靠智能修复工具组中的 5 种工具，以及仿制图章

工具来完成。除此之外，命令菜单中还隐藏了一种非常有意思的处理方法，本节将进行介绍。

图 6-34 所示的照片中，如果要修复左下角的那团枯草，应该怎么操作呢？答案有很多，比如使用修补工具、内容感知移动工具、仿制图章工具等。因为枯草的面积相对较大，所以通常不会使用污点修复画笔工具来处理。

图 6-34

下面来看处理过程：在工具栏中选择"多边形套索工具"，在顶部的选项栏中设定羽化值为 1~3，然后选中这团枯草，如图 6-35 所示。选中时要注意，选区不宜过大，以能够完全包含目标区域为准；但也不宜过小，要在目标区域外围留出一定的空间，如同图 6-35 所示的大小即可。

图 6-35

在编辑菜单中选择"填充"选项，弹出填充对话框，在该对话框中需要设置"内容"选项为"内容识别"，然后单击确定按钮返回，如图 6-36 所示。

图 6-36

这时可以发现，照片左下角的那团枯草被修复掉了，如图 6-37 所示。如果觉得修复效果不够理想，还可以重复进行前面"建立选区—填充"的操作，让修复效果变得更加完美。

图 6-37

从上述过程来看，填充功能在瑕疵修复方面与一般的修复工具差别不大。

实际上，填充对话框中可以实现的功能非常多，在数码后期的许多应用中，可能都需要使用到填充对话框，如将"内容"选项设定为 50% 灰、黑色等，可以实现不同的效果。

6.4 消失点：清除特定纹理表面的污渍

利用填充工具、污点修复画笔工具、仿制图章工具可以修复掉照片中的杂乱元素，但有一种特殊情况，使用这三种工具都无法修复。背景呈现出规律性变化的照片，无论使用之前介绍的哪种工具来修掉污点瑕疵，都会发现背景的纹理轨迹发生了变化，产生了新的干扰。

下面来看具体的实例。现代化楼房外墙的贴砖、玻璃窗等都是有规律性变化的，如果要修掉楼外墙上的横幅、广告，无论使用哪种工具，都无法在修掉污点的前提下，保持背景纹理的真实性。针对这种情况，正确的做法是使用滤镜中的"消失点"进行处理。打开图 6-38 所示的照片，可以看到楼房的外墙上有一团污渍，我们目的是将其处理掉，并且不破坏背景。

图 6-38

首先可以尝试利用污点修复画笔工具、内容感知移动工具、填充功能等进行修复。图 6-39 为使用"填充"命令尝试修复的效果，可以看到，修复的区域与周边区域无法很好地融合，明显失真。接下来又尝试使用其他修复工具进行了处理，发现也存在同样的问题，无法进行完美的修复。

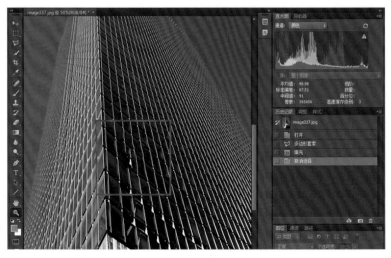

图 6-39

在历史记录中单击"打开"这一步骤，如图 6-40 所示，可回到照片刚打开时的状态。

在"滤镜"菜单中选择"消失点"选项，如图 6-41 所示。

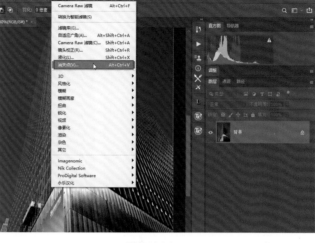

图 6-40　　　　　　　　　　　　　　　　　　图 6-41

这时会进入单独的"消失点"滤镜处理界面，如图 6-42 所示。

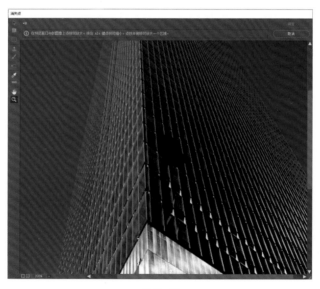

图 6-42

　　在"消失点"界面左上角选择"创建平面工具"，然后按照楼宇外墙上线条的变化规律打点，这时发现只需打四个角上的点即可，如图 6-43 所示。注意，一定要按照墙壁线条变化的规律打点。

　　打点的方法是：首先在楼体外墙上的一个线条交叉点上单击，打下第一个标记点；其次沿着楼体自身的横向线条移动到另一个交叉点上，打下第二个标记点，这两个标记点之间的宽度要宽于污渍；再次从第二个标记点沿着纵向的线条向上移动，找到第三个标记点；最后沿着横线向左移动，找到第四个标记点。

　　从实际场景来说，这4个标记点覆盖的区域是一个标准的长方形，但在照片中却呈现出一种与楼体一样的透视规律，是下面宽上面窄的。

　　单击右侧的边线，平滑地向右拖动，就会发现所描的区域也是呈现规律性变化的，与墙壁线条的变化规律是一致的，如图6-44所示。拖动一段距离后松开鼠标。

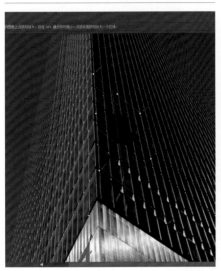

图6-43　　　　　　　　　　　　　　　　　　图6-44

　　在"消失点"对话框左侧的工具栏中选择"图章工具"，然后设置网格大小为211，如图6-45左图所示；按住【Alt】键的同时，在建立的框内某个干净的区域单击，然后松开鼠标，将鼠标移动到污渍区域，就会发现可以很好地覆盖污渍，然后单击，即可修复污渍。多单击几次，将污渍彻底修复，如图6-45右图所示。污渍修复完毕后，单击"确定"按钮，即可返回软件主界面。

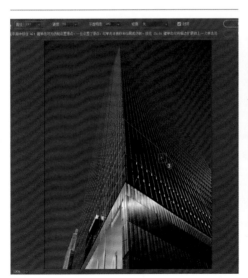

图6-45

　　修复完成后的照片效果如图 6-46 所示，可以看到楼体的纹理非常自然流畅，污渍被很好地修复了。

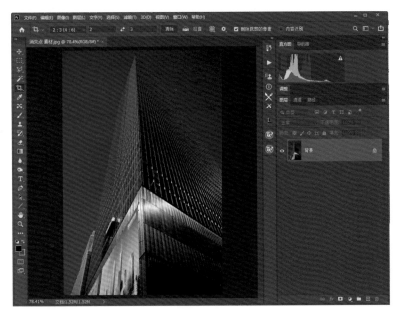

图 6-46

CHAPTER

理解并上手
Lightroom ▾

借助后期软件，可以对图库进行专业化的管理，从而提高浏览、标记和查找照片的效率。但这里有一个问题，能够进行图库管理的软件很多，为什么要使用 Lightroom？本章将通过剖析 Lightroom 的特点来做出解答：该软件可对大量照片进行数据库化管理，在节省磁盘空间的前提下提高管理效率；与后续的 Lightroom 编辑、输出实现无缝结合，最终建立完整的后期系统。

最后，本书将介绍 Lightroom 最为核心的目录功能，并借助具体的实例来讲解目录操作的技巧。

7.1 照片分类及管理的必要性

胶片摄影时代，每张照片的产生都要经过深思熟虑，因为胶片创作的成本相对来说比较高：有胶卷的成本，有暗房显影的成本，还有冲印的成本。除非有强大的资金实力，否则肯定不能进行自由自在的创作。到了数码摄影时代，影像的拍摄和输出成本迅速下降，摄影者可以不计成本地自由创作，但这势必会产生一个很大的问题，那就是影像数量会呈几何倍数增长，人们会面临因照片数量增长过快而难以存储和管理的问题。对于一部分摄影新手而言，初次购买数码单反相机之后可能会有这样的经历，在扫街或是旅游之后，就会产生数以千计的照片。几个月、几年下来，积攒的照片数量便会多达数万张甚至上百万张，这时就会面临照片的存储、检索和管理问题。

购买大容量的移动硬盘可以解决照片存储的问题。许多人会将照片分门别类，按照"日期＋主题"的方式新建并命名一个文件夹，里面是某个时间点在某个地点或是某次活动拍摄的大量照片，一般会有数百张，如图 7-1 所示。

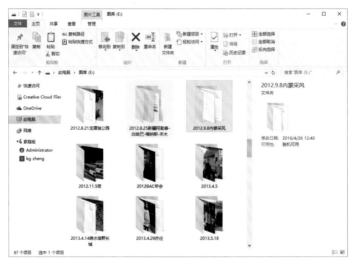

图 7-1

过不了几年，移动硬盘里就会存储海量的照片和文件夹。

我们不可能对一个母文件夹里的所有照片都进行后期处理，因为工作量太大了。比如，笔者将去内蒙古采风的照片都放在"2012.9.8 内蒙采风"这个母文件夹内，有 1700 张左右的照片。笔者不可能对所有的照片都进行处理，也不可能将这些照片都上传到自己的网络空间里，而是只挑选其中的一部分照片进行处理，并分享给好友查看。大多数人都是这样，只对一些不同视角、构图形式的照片进行后期处理，然后发布到网站或自媒体账号上。但如果这样做，就需要再单独建立用于存储需要上传到网络的照片的文件夹，以及需要冲洗的照片的文件夹，如图 7-2 所示。

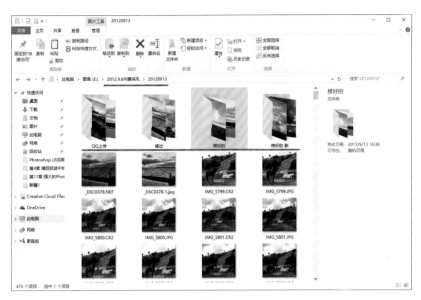

图 7-2

同时还会产生一个新的问题，那就是在如此多的文件夹内，有许多照片是重复的。例如，感觉非常满意的照片，会挑选出来在单独的文件夹里存放，做单独的影集；还要在原文件夹里保留，做好备份；分享给朋友的照片，肯定也有重复存储的情况。这样就会让照片的检索变得困难起来，几年后想要使用这些照片时，到底要去哪里查找也是一个问题。这无疑会浪费大量的时间，照片管理的效率会非常低下。

利用专业的数码照片管理软件对图库进行管理，可以很好地解决照片的分类、管理、检索等问题。常用的照片管理软件有 Photoshop 中的 Bridge 工具、ACDSee、Lightroom 等。从功能性来看，Lightroom 的照片管理功能无疑是最为强大的。

7.2 Lightroom 管理照片的特点

其实，大部分后期软件均有照片管理功能，对于照片的管理主要有两大类方式。

第一大类比较基础，以 Photoshop Bridge、ACDSee 等为代表。在如图 7-3 左图所示的

Bridge 中，在界面上方的路径中直接打开图库中文件夹所在的位置，就可以对照片进行管理了。这种管理是面向原照片的，即直接面向图库中所存储的照片。举个例子，利用 Bridge 工具为图库中的某张照片添加了星级，那么图库中这张照片的原始属性就被改变了，被添加了一定的星级，也就是说，原始照片被改变了。这种照片管理方式的缺点很明显，那就是对原照片的保护力度不够，很容易丢失拍摄的原始照片。另外，Bridge 对电脑图库等硬件的依赖性非常高，所以只能利用它来查看、检索和管理在电脑中存储的照片，如果将图库所在的硬盘拿掉，就无法在 Bridge 中查看照片了。

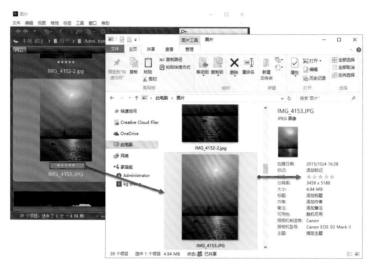

图 7-3

第二大类则是另一种工作方式，以 Lightroom 为代表。打开 Lightroom 之后，会发现无法直接看到或打开照片，需要对照片进行管理或后期调整。所以先将计算机上的照片导入软件内，然后才可以在软件内部排序、标记、检索或编辑照片，并且这种编辑是在 Lightroom 内部完成的，对计算机中的原始照片没有任何影响。这里最大的亮点就在于：所有的这一切只是在 Lightroom 软件中进行的，并不影响计算机硬盘中的存储格局，因此避免了计算机中产生大量的重复照片，或者丢失原始照片。

Lightroom 是将照片的拍摄日期、拍摄机型、镜头信息、光圈、快门等原始数据，以及压缩后的照片视图等导入，并通过这些信息与计算机上的原始照片对应。这样做的最大优势就是不会破坏原始照片，对照片的标记及编辑都保存在 Lightroom 内。另外，只要照片已经导入 Lightroom，即便将存储照片的硬盘拿走，依然可以在 Lightroom 内对照片进行浏览、标记、排序等操作。

许多初学者之所以无法尽快上手 Lightroom 的照片管理功能，主要原因是在照片导入环节遇到了困难，不明白为什么要将照片导入。其实，Lightroom 的照片管理功能是数据库式的，可以用下面的例子来进行说明。

经常网购商品的人应该知道，所有在淘宝、京东等网站销售的商品，都是存储在线下实体仓库中的。网店店主会将商品的照片、名称、所在地、定价等信息录入数据库，然后通过网店界面展示在消费者眼前，消费者只要在网店中浏览和挑选商品就可以了。如果赶上"双十一"等节日，网店还会推出一些促销活动，将某些商品放到一起销售。例如，他们可能会将原本单独销售的数码单反相机与背包放到一起销售，并统一报价。但在线下的库房里，相机还是在相机库房，背包还是在背包库房，店主只是在网店内将相机和背包的信息放在了一起，而实际的产品位置并没有变化。

这个过程与 Lightroom 进行照片管理的原理是一样的。Lightroom 将照片的名称、EXIF 属性、处理信息、存储位置等信息整合起来存储到软件内部，之后用户就可以对这些目录进行调用或是重新组合，但实际上照片始终存放在计算机硬盘中。

具体到 Lightroom 的照片管理，其操作非常简单：拍摄好的照片，在其 EXIF 里有大量的信息，如拍摄日期、拍摄机型、镜头信息、光圈、快门等，以及摄影师对照片进行的特定标注。那么 Lightroom 就可以通过这些信息对照片进行分类。例如，可以将使用相同光圈值拍摄的照片分为一类，也可以将相同机型拍摄的照片分为一类等，然后就可以利用具体的光圈值、机型等关键字进行检索和查找。举例来说，在 Lightroom 中，将图库中所有使用 EF 70-200mm f/2.8L IS II USM 镜头拍摄的照片都查找出来，进而提取出来存储到一起，如图 7-4 所示。实际操作时也非常简单，只要先按照镜头型号将所有符合条件的照片都查找出来，然后在软件的"收藏夹"内建一个文件夹，最后将照片都存储到里面就可以了。

图 7-4

"一站式"解决问题 ▶

Photoshop 的后期处理往往会涉及 3 个界面。首先使用特定的第三方软件或 Photoshop 内置的 Bridge 工具进行照片的浏览、分类和管理；其次将照片载入 Photoshop 界面进行处理；最后针对 RAW 格式原片，还要借助 Camera Raw 工具进行处理。也就是说，整个数码后期往往是在 3 个界面完成的。但这里有一个问题，就是各个环节的衔接并不太紧密，给人一种不够流畅的感觉。

而 Lightroom 不同，它是 Adobe 公司为摄影师进行数码照片后期处理开发的专业软件，这款软件将照片管理、JPEG 格式照片处理、RAW 格式照片处理全都集成到了同一个主界面中，无须扩展专用的 RAW 工具，就能够"一站式"完成从照片浏览到处理的整个过程，如图 7-5 所示。

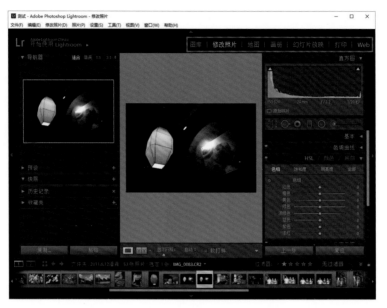

图 7-5

另外，在 Photoshop 中进行照片处理时，影调、色调、锐度等的调整往往分布在不同的区域和面板中，比较分散；但 Lightroom 不同，其处理数码照片的功能主要集中在右侧的图片调整区，使用更加方便。

7.3 Lightroom 界面与面板功能

从摄影师的角度来看，Lightroom 一款软件就具备 Bridge+Photoshop+Camera Raw 三者的功能，集图库管理、照片后期处理和 RAW 格式后期处理等多种功能在一个主界面中，非常了不起。本节将介绍 Lightroom 软件主界面的功能分布和各种功能面板的使用技巧。首先打开 Lightroom 软件，如图 7-6 所示，根据不同的功能类型将软件的主界面划分为多个区域：标题栏、菜单栏、导航栏、左侧面板、照片显示区、工具栏、右侧面板和照片缩略图浏览区，如图 7-7 所示。

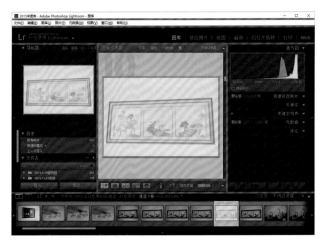

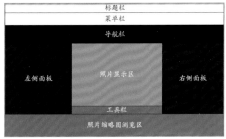

图 7-6　　　　　　　　　　　　　　　　　　　　　图 7-7

　　Lightroom 主界面非常棒的一点是布局灵活。打开软件后可以看到，中间的照片显示区实在太小了，不利于仔细观察照片细节。此时可以通过更改主界面布局来进行调整，让照片以更大的比例显示。具体来说，就是可以隐藏其他面板，腾出更多的区域用于显示照片。可以看到，在照片的上下左右四条边的中间位置，都有一个朝向外侧的三角标，单击该三角标，就可以隐藏对应的面板，如图 7-8 示。

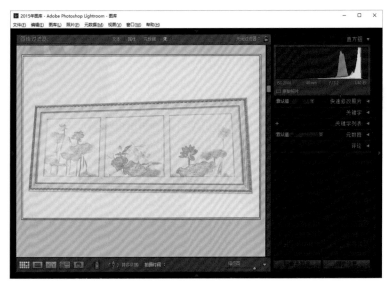

图 7-8

　　隐藏面板后，就可以较大的比例显示照片了。此时可以看到，四边的三角标由朝外变为了朝内，单击即可再次显示面板，非常方便。此外，还可以使用快捷键来控制面板的显示和隐藏，分别按【F5】【F6】【F7】【F8】这几个快捷键，就可以看到不同面板的隐藏和显示操作。例如，按【F5】键可以隐藏上方的导航栏面板，再按一次【F5】键就可以让导航栏面板显示出来。

　　上方的导航栏用于切换 Lightroom 功能界面，当前所在的界面是呈现高亮显示的图库界面。在该界面中可以对照片进行检索、标记、排序、浏览、添加关键字，以及非常简单的色彩和明暗调整。对于业余摄影师来说，大部分情况下主要是在图库界面进行照片的管理，而在修改照片界面则可以对照片进行后期处理。右击导航栏的空白处，可以选择显示哪些导航选项，如图7-9示。

图7-9

左侧面板主要显示图库及照片的概括性信息，如图7-10所示。导航器是一个缩略图，完整地显示了照片，在导航器中可以设定显示区照片的尺寸大小。在进行照片浏览和管理时，建议设定"适合"即可。目录子面板则显示了当前目录所包含的所有照片数量，以及上一次导入照片的数量。从计算机中将照片导入Lightroom时，文件夹信息会显示在文件夹子列表中，单击每个

文件夹，就可以在底部的照片缩略图浏览区域显示该文件夹内的照片。收藏夹子面板主要用于收藏一些自己认为非常好的照片，具体使用时可以在收藏夹内建立不同的文件夹，将自己非常满意的照片分门别类地放入这些文件夹即可。至于后面的发布服务子面板，一般情况下是不会使用的，即便要在网络上分享照片，也不会从此处进行操作。

图7-10

中间的照片显示区和工具区往往是结合起来使用的。举一个非常简单的例子，单击工具栏左侧的"网格视图"按钮，显示区可以同时显示多个预览图，并且可以通过拖动工具栏右侧的"缩览图"滑块来调整显示的照片大小，如图7-11所示；如果单击"放大视图"按钮，则可以将照片单独放大显示，便于仔细查看照片的细节。与此同时，工具栏中还会出现多种不同的功能项，例如，可以对照片进行简单的旋转、标注星级等，如图7-12所示。

图7-11

图 7-12

至于右侧面板，主要用于对照片进行具体的管理。

7.4　照片的目录与文件夹操作

理解 Lightroom 目录 ▶

　　目录是 Lightroom 软件中非常重要的一个概念，此"目录"并不是传统意义上的目录。我们知道，利用 Lightroom 管理照片时，要先将照片信息导入数据库，那么可以这样认为，目录就是导入照片的数据库。这个数据库记录了在 Lightroom 软件中对照片进行的所有操作，包括照片的标记、调整等，并且不会影响原始照片。如果对照片进行了大量的处理，并最终决定输出，这时才会对原始照片应用处理设定，将处理后的效果输出。与此同时，原始照片依然是原始照片，并没有发生任何变化。

　　第一次打开 Lightroom 时，软件会默认新建一个名为 Lightroom Catalog.lrcat 的空白目录（数据库），用户将照片导入 Lightroom，其实就是导入了这个默认的目录，后续不断导入的新照片也将被导入默认的目录。并且对照片的所有标记和处理，都会被记录到这个目录中。每次打开 Lightroom 时，都需要先载入这个目录，才能管理导入的照片。如果不进行设定，经过一段时间之后，这个目录中的照片数量会越来越多，并且记录的信息量也会越来越多，这样每次打开 Lightroom 时，载入目录的时间就会变长，也就是 Lightroom 的启动时间变长了。

通过建立不同的目录可以解决这个问题。举个例子，从2010年到2016年，笔者拍摄了近2万张照片，如果只有一个目录，那么每次启动Lightroom都需要载入这个有近2万张照片的目录，启动会慢得令人抓狂，如图7-13示。但如果为2010年拍摄的照片建立一个名为"2010"的目录；为2011年拍摄的照片建立一个名为"2011"的目录……那么每次启动Lightroom时，就只会载入只有几千张的某一年份的目录（上次使用该软件时使用的目录），这样软件的启动和运行速度就会很快了。

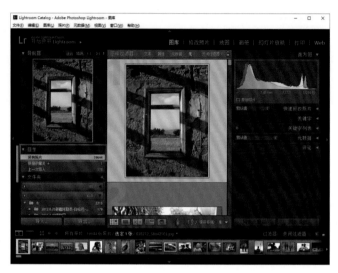

图7-13

Lightroom 目录的重要操作 ▶

初次打开Lightroom后，软件会自动创建一个名为"Lightroom Catalog.lrcat"的目录，该目录是一个加密的文件，默认存放在"C:\Users\Administrator\Pictures\Lightroom"路径下，如图7-14示。用户对照片进行的标记、处理信息，都会被添加进这个名为Lightroom Catalog.lrcat的默认目录中，这样该目录就会在接下来的时间里不断变大。再次打开Lightroom时，载入该目录的时间也会越来越长。

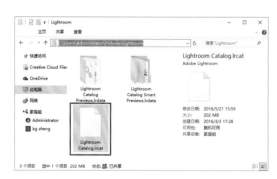

图7-14

之前介绍过，为了避免默认目录所占系统资源越来越大，可以新建一些不同的目录，来对图库进行分类和管理。打开 Lightroom 会自动载入默认的目录，但我们的目的是建立新的目录。在"文件"菜单内选择"新建目录"选项，输入文件名，并选择新创建的目录保存的位置，这里将新创建的"2015 年图库"保存在默认目录所在的文件夹，如图 7-15 所示。新目录创建后，Lightroom 会自动从当前界面退出并重新启动，然后载入新创建的"2015 年图库"目录。此时就可以在标题栏中看到"2015 年图库"的字样，如图 7-16 所示。

图 7-15

图 7-16

用同样的方法可以创建多个目录，然后将计算机上拍摄的所有图库文件夹分别导入对应的目录就可以了。

假如正在 Lightroom 中使用 2015 年目录，但突然需要使用 2016 年目录，也非常简单，只要在"文件"菜单内选择"打开目录"选项，然后找到目录所在的文件夹，选择对应的目录文件即可。当然，也可以直接在"打开最近使用的目录"列表中选择想要载入的目录。同样地，切换不同的目录时，Lightroom 需要重新启动。

无论是 Lightroom 默认创建的目录，还是新建的目录，都默认存储在 C 盘中，如果重新安装系统，或者是计算机系统出现问题没有备份目录，那么之前对图库进行的管理以及对照片进行的处理都可能会丢失。所以正确的做法是：在重装计算机操作系统之前，对目录文件进行备份，或者将新目录创建在图库所在的驱动盘内。比如，笔者拍摄的照片大多保存在 E 盘中，所以在以后创建目录时，直接将目录存储在 E 盘中，这样就将 Lightroom 的目录与图库绑定在一起了。如图 7-17 所示，笔者将目录文件保存在了图库所在的存储盘中，这样目录的安全就有了保障。

图 7-17

　　如果之前没有这样做也没有关系，在关掉 Lightroom 软件之后，将 C 盘内的目录文件剪切到图库所在的存储盘中就可以了。使用时在"文件"菜单中选择"打开目录"选项，然后在弹出的界面中选择此存储位置的具体目录就可以了。

将硬盘内的照片导入 ►

　　能够接触到 Photoshop 及 Lightroom 等后期软件的摄影爱好者，基本上都有较长时间的摄影经历了，也积累了大量的照片，所以在使用 Lightroom 之前，最好先对自己的计算机图库进行初步的整理。尽量将所有的照片都放在某一个单独的分区内，并且放入以"时间 + 主题"方式命名的文件夹中，如图 7-18 所示。以日期为开头的文件夹命名方式在计算机内会自动排序，这样可以方便管理。至于文件夹内是否还要放一些子文件夹，可以先不考虑。同时，将该分区内与摄影无关的文件或程序移动到其他的地方，从此以后该分区就只作为图库使用。如果该分驱已满，那么建议购买一个大容量的移动硬盘，然后在移动硬盘中建立一个名为"图库 2"的主文件夹，以后再有照片就可以放到移动硬盘内的"图库 2"主文件夹中。

图 7-18

　　在对计算机内的图库进行初步清理和调整之后，就可以将不同时间的照片大量导入 Lightroom 目录中进行标记、管理和处理了。下面通过一个具体的实例来介绍将照片导入 Lightroom 的操作，在本例中，要将存储在计算机图库中的 2015 年拍摄的照片导入。

　　打开 Lightroom，在"文件"菜单中选择"打开目录"选项，在打开的窗口中找到目录文件所在的路径，选择建立好的"2015 年图库"文件，然后单击"打开"按钮，如图 7-19 所示。此时 Lightroom 会自动重新启动，即载入之前建立的"2015 年图库"目录，如图 7-20 所示。

图 7-19

图 7-20

TIPS

　　在当前图库自动关闭，新图库打开之前，会出现图 7-21 所示的警示框。这是 Lightroom 提醒用户要备份目录，如果没有备份目录，一旦目录丢失，就会造成很大的损失。但是，因为已经将 C 盘目录文件移动到了图库根路径下，所以此处没有必要再单独备份了，直接单击"本次略过"或"本周略过"就可以了。

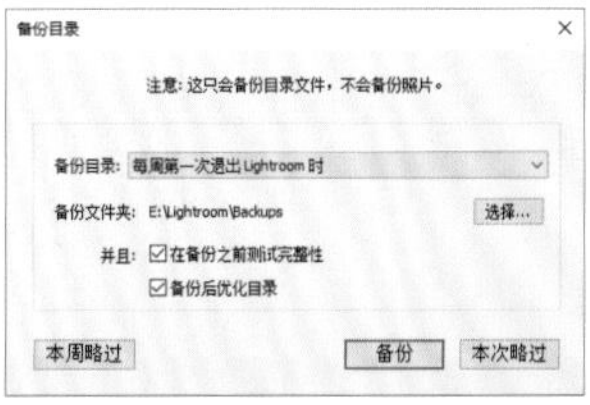

图 7-21

　　从图 7-22 中可以看到，新打开的"2015 年图库"目录是空的，从 Lightroom 主界面也可以看到，其中是没有任何照片的。导入计算机图库中的照片是比较简单的，单击目录面板下方那个大大的"导入"按钮，即可打开导入的设置界面。该界面所包含的信息量是非常大的，图 7-22 中已经对部分重要功能和设定做了标注，下面进行详细的解读。① 在该区域，鼠标每移动到一个按钮上，下方就会出现相应的解释文字，这样就很容易理解了。添加是指将计算机上的照片采集到的拍摄信息及预览图导入 Lightroom 目录中，使操作不会对计算机的图库产生任何影响。至于另外几个选项，将在下一小节详细介绍。② 在导入照片之前，计算机图库的某些文件夹内可能嵌套了一些子文件夹，选中该复选框就表示在导入照片时将子文件夹内的照片也导入进来。③ 该复选框用于过滤一些重复的照片，例如从某文件夹中选出较好的一些照片放到一个新文件夹中准备冲洗，这样冲洗文件夹内的照片就会与原始照片形成重复。选中该复选框则可以剔除这种重复，重复的照片会如⑤所示的那样——变暗显示，鼠标移动到此处也会有提示。④ 此处保持默认即可。⑥用于设定导入照片时是否套用一些照片风格，如风光、人像等。⑦用于设定是多图显示还是单图显示，多图显示时预览图较小，单图显示时预览图较大。⑧ 用于确定是导入全部照片还是导入部分照片。

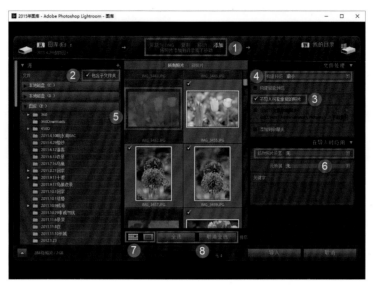

图 7-22

在左侧的根路径中选择"2015.4.29 植物园"文件夹，选择"添加"选项，设定包含子文件夹并剔除重复的照片，然后单击"导入"按钮开始导入。界面左上角有导入进度条，等待一段时间后，照片就被导入目录中了，如图 7-23 所示。用同样的方法，可以将不同的文件夹导入。导入之后，在目录下方的文件夹区域会发现文件夹信息被保留了下来，以确保照片不会混在一起。

图 7-23

如果要从目录中删除某个文件夹，只需要右击，在弹出的菜单中选择"移去"选项即可。

从计算机现有图库中导入照片的操作就是如此简单，导入之后就可以在 Lightroom 中对照片进行浏览、排序、检索、标记及后续的处理了。

将存储卡内的照片导入 ▶

用相机拍摄照片之后，要将存储卡内的照片导入计算机，建议通过读卡器导入。将读卡器插入计算机后，打开 Lightroom，单击左下方的"导入"按钮，弹出导入设定界面，如图 7-24 所示。如果在插入读卡器之前已经打开了 Lightroom，那么会自动弹出导入界面。在该界面中，①显示了照片来自哪里，此处显示将要导入尼康 D750 相机所拍摄的照片。②显示的是要复制或移动（剪切）照片到计算机中，"复制"表示将存储卡内的照片复制到电脑中，"移动"则表示要将存储卡内的照片剪切到电脑中。通常情况下，建议选择复制。③显示导入的照片在计算机中的存储位置，此处要选择电脑内的图库存储盘。④"所有照片"表示要将存储卡内的所有照片都导入 Lightroom 的目录；存储卡中可能有多次拍摄的照片，之前拍摄的照片已经导入过了，"新照片"则表示只导入之前没有导入的照片；"目标文件夹"是指，假如存储卡内的某些照片与将要存储照片的文件夹内的某些照片重名，就不导入这些重名的照片。后两个选项的作用主要在于避免导入照片时产生混乱，通常情况下建议只选择"所有照片"这一项。

图 7-24

导入存储卡内的照片时，在右侧有多个选项卡面板，分别为"文件处理""文件重命名""在导入时应用"和"目标位置"等，下面先来看"文件处理"选项卡，如图 7-25 所示。

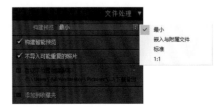

图 7-25

　　在"文件处理"面板中，"构建预览"后是一个下拉列表，"最小"选项是指导入照片时快速构建一个小的预览图，以查看导入的照片，如果放大观察会发现画质很差，但该选项的好处是快。下面几个选项可以查看到更细腻的画质，但导入速度会变得越来越慢，到1:1时导入速度就非常慢了，并且生成的".lrcat"目录文件会非常大。通常情况下，建议此处选择"最小"。

　　"构建智能预览"是非常有用的一个选项，下面用两个应用场景来进行说明。

　　场景一：通常情况下，影楼等商业机构拍摄的照片是要发送到专业修图工作室进行后期处理的。假设你是一名影楼摄影师，某次为客户拍摄了500张照片，大小是15GB，如果将这15GB的照片发送给修图工作室会非常耽误时间。利用Lightroom中的"构建智能预览"功能就可以很轻松地解决这个问题。首先，将这15GB的照片导入Lightroom，在导入时选中"构建智能预览"复选框，然后就可以直接将生成的目录文件（可能只有500MB左右）发送给修图工作室。修图工作室在Lightroom中打开这个目录文件，就可以直接凭借预览图进行修片了。修好之后，再将这个包含后期信息的目录文件发送回来，就可以直接利用这个目录文件来套用后期处理信息，输出照片。整个过程相当于对照片进行压缩，对压缩后的小照片进行处理，处理后发回，再将处理效果套用到大照片上。

　　场景二：先将移动硬盘上的图库导入Lightroom，同时选中"构建智能预览"复选框。之后即便将移动硬盘取下，仍然可以在Lightroom中对图库中的照片进行管理和后期调整。而这一切就是因为选中了"构建智能预览"复选框。如果导入照片时不选中这个复选框，就无法在取走移动硬盘后对照片进行后期处理了。

　　选中"不导入可能重复的照片"复选框，可过滤一些重复的照片，重复的照片在照片显示区域会呈灰色显示。

　　选中"在以下位置创建副本"复选框，表示在将照片复制到计算机并导入Lightroom的同时，还会在下面的位置进行备份。这样做可以确保原始照片更安全，但相应的会占用更大的存储空间。

　　选中"添加到收藏夹"复选框后，导入的照片会被添加到收藏夹中，所以不建议选中该复选框。收藏夹最好只存储一些已经处理过的比较理想的照片。

　　"文件重命名"选项卡可以在将存储卡内的照片复制到计算机并导入Lightroom时，更改文件夹的命名方式。一般情况下，相机的原始命名形式为"IMG_"，在此选项卡中可以进行更改。只要选中了"重命名文件"复选框，就可以在下面进行具体设定了。此处设定了文件的命名形式为"2015+ 编号"，如图7-26所示。

图7-26

　　"在导入时应用"选项卡主要用于对导入的照片进行一些有针对性的设定。例如，我们拍摄了大量人像照片，导入时就可以在"修改照片设置"后的下拉列表中选择一些预设，如设定为"锐化–

面部"效果，这样导入时就对照片进行了适当的锐化处理，可以减少后期调整的工作量，如图 7-27 所示。

图 7-27

在"元数据"下拉列表中可以选择对所导入照片的星级、版权进行特定的添加或编辑，一般情况下不建议在此时进行处理，而应该在后续的照片管理中进行。

"关键字"区域用于为导入的照片添加一些关键字，格式为"风光，2015，草原……"。后续就可以利用这些关键字进行照片检索了。

最后一个面板"目标位置"用于设定将存储卡内的照片复制到计算机的哪个位置。通常情况下，要在下方选择图库所在的位置，本例中直接选定了"图库 E"存储盘。

注意其中的"至子文件夹"复选框，如果不选中，系统会提供大量以日期形式编排的文件夹名，如图 7-28 所示，这样太抽象，不利于记忆，并且会产生大量的文件夹嵌套，非常不方便。建议选中"至子文件夹"复选框，在其后输入文件名"2015.12.12 尼康 D750 测试"，并将"组织"方式选定为"到一个文件夹中"，如图 7-29 所示，这样就可以将存储卡中的照片直接复制到图库中的"2015.12.12 尼康 D750 测试"文件夹中（Lightroom 会自动在图库中新建该文件夹），并且不会产生多层的文件夹嵌套。在 Lightroom 的目录区域也可以看到导入的文件夹，如图 7-30 所示。

图 7-28　　　　　　　图 7-29　　　　　　　图 7-30

08
CHAPTER

Lightroom
照片管理技术 ▾

　　图库管理的主要内容包括组织计算机内的照片、照片的重命名、添加关键字、标记照片、检索和筛选照片等，这些都是非常容易理解的知识。本章将对这些知识进行详细介绍，为后面的照片后期处理做好准备。

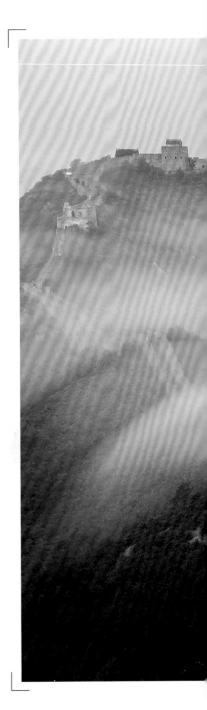

8.1 使用 Lightroom 管理计算机文件夹与照片

一次性将大量照片导入计算机之后，总会有一些构图、对焦出现问题的废片混在其中，如果在计算机内逐张浏览后再进行删除，会非常不方便。但在 Lightroom 中则可以用大视图查看照片，能够快速发现废片，然后删除。具体操作是，在底部的浏览窗口内选中废片，按【Delete】键会弹出删除确认提示界面，如图 8-1 所示。单击"从磁盘删除"按钮，可以同时从 Lightroom 和计算机中彻底删除照片；单击"移去"按钮，则只是从 Lightroom 数据库中删除照片，计算机中的照片会保留下来。

图 8-1

在左侧的目录中选中某个文件夹，按【Delete】键，同样会弹出该提示界面，选项的含义是一样的。

如果要将计算机中某个文件夹中的照片移动到其他文件夹，只要单击点住该照片，将其拖到目录中的其他文件夹后松开鼠标即可。中间也会弹出提示对话框，如图 8-2 所示。该对话框提示"此操作将导致磁盘上的相应文件移动。如果继续，此移动操作及之前所做的任何修改都将无法还原。"经过测试发现：将照片移到其他文件夹后，无法通过按【Ctrl+Z】组合键撤销操作；但其实仍然可以在计算机上操作，将照片剪切回原文件夹。

图 8-2

　　当然，在左侧的文件夹列表中单击点住某个文件夹，也可以将其拖到其他文件夹内，弹出的对话框中的提示内容是一样的。

　　笔者将 2015 年拍摄的大量照片分别放在了不同的文件夹中，后来将一些处理过的照片放在了名为"2015 年新整理图片"的文件夹中，并将该文件夹放在了另外一个存储盘 D 盘，导入了 Lightroom 中。后来在整理图库时，又将这个新整理图片的文件夹移回了图库存储盘 E 盘。

　　笔者在 Lightroom 中发现，目录中的"2015 年新整理图片"文件夹图标上多了一个"？"，且软件无法找到这个文件夹了。这种因为在计算机上移动文件夹而带来的问题其实很容易解决，只要右击这个带问号的文件夹，在弹出的快捷菜单中选择"查找丢失的文件夹"选项，然后在弹出的对话框中重新定位一下就可以了，如图 8-3 所示。

图 8-3

许多喜欢外出采风的摄影爱好者，大多是一主一副两个相机，分别安装长焦和广角镜头，这样可以在不更换镜头的前提下，拍摄到不同视角和风格的照片。例如，笔者曾经在很长一段时间内使用佳能 5D Mark II 和 650D 这两台机器，一般 650D 用于拍长焦画面，5D Mark II 则被装上广角镜头拍大场景。采风归来，笔者会利用 Lightroom 将一台相机拍摄的照片导入计算机特定的文件夹中，同时导入 Lightroom；接下来会将另一台相机拍摄的照片只复制到计算机中的同一个文件夹内。这样看，Lightroom 中岂不是少了第二台相机拍摄的照片？是的，这是因为操作还没有完成。其实只要使用 Lightroom 的同步功能就可以轻松解决这一问题，简单来说，就是将文件夹内新增的第二台相机拍摄的照片同步到 Lightroom 中。

具体操作是，右击 Lightroom 左侧的文件夹，在弹出的快捷菜单内选择"同步文件夹"选项，在弹出的对话框中选中"扫描元数据更新"复选框，然后单击"同步"按钮，即可将第二台相机拍摄的照片导入 Lightroom 中，如图 8-4 所示。

图 8-4

8.2 重命名照片

从不同渠道获得的照片，其命名方式是不一样的。例如，佳能相机所拍摄照片的默认名字往往以 IMG 开头；尼康相机很多以 DSC 开头；还有许多摄影师在相机内对照片名称做了一些特殊的设定；另外，从网络上保存下来的照片可能是"字母 + 长数字串"的形式。如果某个文件夹内的照片是从多种渠道汇集的，那么名称就会非常杂乱。

即便图库照片只用"IMG+ 数字"的形式来编号，也不够直观。在 Lightroom 中可以对照片进行重新命名，将照片命名为非常直观的名称，对以后的照片整理、检索有很大的帮助。

　　对照片的重命名操作非常简单，只要在左侧单击要进行重命名的文件夹，然后按【Ctrl+A】组合键即可全选该文件夹的照片；如果只重命名其中的部分照片，那按住【Ctrl】键再单击就可选择多张照片。接下来，在"图库"的下拉菜单中选择"重命名"选项，就可以打开"重命名"对话框进行设定了。当然，最简单的办法是直接按【F2】键打开"重命名"对话框，如图 8-5 所示。

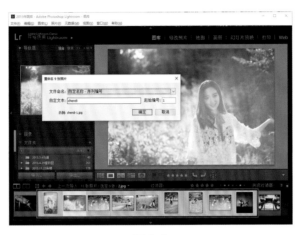

图 8-5

　　本例中选择了 9 张照片，并设定了照片命名形式为"自定名称 − 序列编号"，这种形式非常简单、直观。然后自定名称为"chendi"，这是照片拍摄者的名字，后面的编号从 1 开始，最终这组照片就被命名为了 chendi-1、chendi-2……chendi-9。

　　重命名这组照片之后，以网格视图的方式观察照片，在每张照片缩略图的上方，可以看到照片的新名称。如果没有在缩略图上方看到照片名称，就表示视图选项的设定不同。只要在缩略图四周的空白区域右击，在弹出的菜单中选择"视图选项"选项，然后在打开的对话框中选中"顶部标签"复选框，并在其后的下拉列表中选择"文件名"选项即可，如图 8-6 所示。这样就可以将照片的文件名称显示在缩略图上方了。一般情况下，建议让文件名一直显示，这样方便浏览和查看。

图 8-6

8.3 给照片添加关键字

对于专业摄影师或者高产的普通摄影爱好者来说，对照片进行关键字的设定和管理是必不可少的。专业摄影师可能有大量的图片检索和快速查找的需求，有关键字的帮助会让这项工作事半功倍；对于普通摄影爱好者来说，若干年以后可能很难记起自己以前拍摄过什么照片，甚至忘记了照片的拍摄场景、拍摄地点，如果照片有关键字标识，就不用担心这些问题了。

在导入照片时也可以添加关键字，但为避免匆忙之间犯错，所以强烈建议在将照片导入完成后，再认真进行关键字添加操作。这项工作主要是在 Lightroom 界面右侧的关键字面板中进行的。

在关键字面板的下方，有两处位置可以通过键盘输入的方式为照片添加关键字。选中要添加关键字的照片之后，在上方较大的空白区域单击，就可以输入关键字了，输入时要注意将关键字用“，”隔开，输入完毕后按【Enter】键即可完成添加。另外，在该文本输入框下方还有“单击此处添加关键字”的标志，单击即可在此处输入关键字。每输入一个关键字，按一次【Enter】键，即可以将关键字添加到上面的区域。下一次输入时，关键字之间会自动被“，”隔开；如果要一次性输入多个关键字，就需要手动用“，”隔开。这里在预览窗口中选择了多张照片之后，为照片添加了“2015，阿尔山，风光，秋季，自驾”这 5 个关键字，添加了关键字的照片的缩略图右下角有一个黑色标识，如图 8-7 所示。

图 8-7

如果多张照片是顺次排列的，那么在为这些照片添加关键字时，只要按住【Shift】键并单击第一张照片和最后一张照片，就能同时选中所有的照片，然后进行关键字的添加操作就可以了。但如果照片不是顺次排列，而是分散在文件夹中的多个位置，就需要按住【Ctrl】键，然后分别单击这些分散的照片，再进行批量添加关键字的操作，但这样做相对来说比较麻烦。Lightroom 中有一个非常好用的功能叫作“喷涂工具”，类似于 Word 中的格式刷。选择“喷涂工具”，在其后面的关键字文本框中输入要设置的关键字，然后在想要添加关键字的多张照片上分别单击，就可以添加同样的关键字了。

　　下面来看具体的使用方法。在工具栏面板的中间位置单击"喷涂工具"，出现关键字的字样之后，在画笔后面的文本框中输入想要添加的关键字（要注意，多个关键字之间要用","隔开），然后就可以在想要添加关键字的照片上单击了。单击一次，即可将这些关键字添加到照片上，如图 8-8 所示。

图 8-8

　　为照片添加关键字之后，在下方的"关键字列表"子面板中可以看到使用过的大量关键字。将鼠标移动到某个关键字条目的右侧，会出现一个向右指的箭头，单击该箭头表示使用该关键字进行照片检索。例如，本例中单击"阿尔山"关键字条目右侧的箭头，图库中包含阿尔山关键字的照片就会被全部检索出来，呈现在照片浏览窗口内，如图 8-9 所示。

图 8-9

　　选中某张照片时，关键字条目的左侧有"√"标识，这表示选中的照片被添加了"√"对应的关键字。此处选择了名为"IMG_5460-1"的照片，可以看到 "2015, 阿尔山 , 风光 , 秋季 , 自驾"这 5 个关键字前面带有"√"标识，这表示该照片有这 5 个关键字。单击其中某个关键字条目前面的"√"，可以取消"√"，表示将该关键字清除掉，只剩下 4 个关键字。同样地，如果选中某张没有关键字的照片，关键字列表前面就不会有"√"，单击可以让关键字前出现"√"，就表示为该照片添加了关键字。

即便只对某个文件夹内的一组照片添加了多个关键字，对整个计算机图库的照片进行管理时，可能也会有数十甚至上百的关键字，长长的列表查看起来非常麻烦。针对这一点，使用关键字的嵌套可以轻松解决。关键字嵌套是指将一些概念比较"大"的关键字作为父关键字，如风光、人像、微距等；而将风光中的林木、山川，人像中的室内人像、公园人像等比较"小"（具体）的关键字作为子关键字，将两者嵌套在一起。

举个具体的例子。在图 8-10 中，先选中一张有关林木的照片，然后右击风光关键字条目，在弹出的菜单中选择"在'风光'中创建关键字标记"选项，在弹出的对话框中将关键字命名为"林木"，对话框下面的参数保持默认即可，最后单击"确定"按钮，即可为"风光"这一关键字创建子关键字，如图 8-11 所示。

图 8-10　　　　　　　　　　　　　　图 8-11

一般情况下，"风光"父关键字下可以使用"林木""山川""瀑布""溪流"这类子关键字，"人像"父关键字下可以使用"室内人像""公园人像""酒吧人像""小清新""时尚"这类子关键字。另外，微距等题材也可以设定具体的子关键字。

关键字列表中只显示父关键字会显得简洁很多，在不同的父关键字下使用子关键字即可。这样的关键字管理方式是比较有条理的。

8.4　标记照片

对照片进行标记，是 Lightroom 照片管理的核心功能之一。常用的照片标记工具主要有 3 种，分别是星标、旗标和色标。在 Lightroom 照片显示区下方的工具栏内，可以看到这 3 种标记工具。

如果没有看到某种标记工具，只要在工具栏右侧单击下拉按钮，打开下拉菜单，在其中选中缺少的标记工具就可以了，如图 8-12 所示。

　　标记工具的使用非常简单，先来看星标的使用方法。在照片显示区中单击某张照片，然后将鼠标移动到工具栏的星标工具上，在几个星的位置单击，就为照片添加了几个星的星标，如图 8-13 所示。例如，先选中某张照片，然后在工具栏中星标工具的第 3 颗星的位置单击，就将该照片标记为了 3 星；如果要取消，在第 3 颗星上再单击一次即可。

图 8-12

图 8-13

　　另外，对于尚未添加星标的照片来说，鼠标移动到照片上时，会发现照片底部有 5 个小黑点，此处与工具栏中的星标工具一样，在某个黑点上单击，就可以将照片标记为不同的星级，取消星标的方法也是再次单击相应位置。

　　星标是最常见的一种标记工具，几乎所有的后期工具都有星标功能，甚至数码单反相机也内置了这种功能，这样拍完照片后就可以对照片添加星标，完成分类。在实际应用中，建议不要将星标设置得过于复杂，只分为两种或三种星级即可。比如划分为 3 种星级：1 星、3 星和 5 星。其中，1 星代表留用不删除，偶尔浏览一下作为纪念；3 星代表准备处理的原片；5 星代表比较满意的、处理之后的照片。

　　对照片做好星标之后，在工具栏下方的过滤器中，可以使用星标过滤器工具挑选照片。本例中设置大于等于 4 星的过滤条件，就可以将图库中 4 星及以上星级的照片全部过滤出来，并显示在照片显示区，如图 8-14 所示。

　　与星标相比，旗标就简单了很多，只分为"标记为留用"和"设置为排除"两种。选中某张照片之后，单击旗帜图标，即可将照片设定为留用；如果单击带"×"的旗帜，则将照片设置为排除，表示最终可能会删除该照片，如图 8-15 所示。使用快捷键操作会让标记过程更简单，单击某张照片，按【P】键即可将照片标记为留用，按【X】键则表示排除照片，如果操作出现了失误，可以按【U】键取消已经添加过的标记。

图 8-14   图 8-15

一般情况下，在照片刚导入 Lightroom 后，使用旗标对照片进行筛选会非常方便。对焦、曝光等出现严重问题的照片，可以直接标记为排除，其他照片可标记为留用，或者不进行标记。这样对筛选后留下的照片再进行下一步的处理就可以了。

在工具栏下方的过滤器中，旗标有 3 个选项，分别为"留用的照片""无旗标的照片"和"排除旗标的照片"。本例中过滤出了留用的照片，如图 8-16 左图所示；过滤出了排除的照片，如图 8-16 右图所示。另外，还可以同时开启其中任意两种旗标进行过滤。

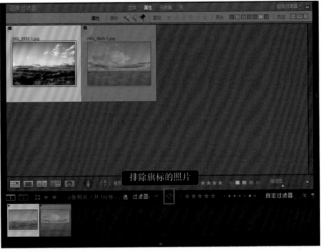

图 8-16

过滤出了设定为排除旗标的照片后，就可以在"照片"菜单中选择"删除排除的照片"选项（或按【Ctrl+A】组合键全选过滤出的照片，然后按【Delete】键），对照片进行删除操作。在弹出的对话框中有两个选项，分别是"从磁盘删除"和"移去"，如图 8-17 所示。这两个选项分别代表从计算机中删除照片和从 Lightroom 中删除照片。大多数情况下，对刚导入计算机和 Lightroom 的照片进行初步遴选时，建议直接选择"从磁盘删除"。

色标是为照片添加某种特定色彩的标记，默认情况下有红色、黄色、绿色、蓝色和紫色共 5 种色标。许多人不明白色标的含义所在，不知道怎样使用色标进行照片标记，这是因为他们把色标想得太复杂了。笔者认为，对色标最简单的应用是结合照片色彩进行标记。例如，对于夏季包含大量绿植的风光题材，可以标记为绿色；对于包含蓝天白云的一般风光题材，可以标记为蓝色；对于早晚两个时间段的暖色调画面，可以标记为红色等，如图 8-18 所示。

图 8-17

图 8-18

在对大量照片添加色标时，也可以使用喷涂工具，选择"喷涂工具"，待其变为"标签颜色"后，设定不同的颜色，然后在不同的照片上单击，就可以标记相应颜色的色标了。

8.5 检索和筛选照片

为照片添加星标、旗标或色标，都是为了标记照片，为后续的照片筛选和检索做好准备。在图片显示区上方的过滤器中有 4 个选项，分别为"文本""属性""元数据"和"无"，在进行照片检索之前，默认处于无过滤条件的状态，此时显示区会显示所打开文件夹中的所有照片，无论照片是否有标记，如图 8-19 所示。

先来看第一个选项。单击激活"文本"，使其处于高亮显示状态。在"文本"后的下拉列表中可以选择"文件名""关键字"等筛选条件，本例中设定以"文件名"为搜索条件，在最后输入"IMG"，表示要筛选出文件名中包含 IMG 的照片，如图 8-20 所示。这样最后在照片显示区中就只会显示文件名中包含 IMG 的照片。

图 8-19

图 8-20

　　第二个选项为"属性"。该选项可以旗标、星标和色标为标准来进行照片的筛选。例如，单击第一个旗标，表示筛选条件为"留用的照片"，这样就可以将所有留用的照片都筛选出来，如图 8-21左图所示。筛选条件是可以组合使用的，先设定筛选"留用的照片"，然后在后面的星标中设定筛选大于等于 3 星，这样筛选条件就变为"留用的照片 + 大于等于 3 星"，最终满足筛选条件的照片就会变少，如图 8-21 右图所示。当然，还可以继续增加筛选条件，更精确地筛选出想要的照片。

图 8-21

　　第三个选项为"元数据"。单击激活"元数据"后，下方会显示多组非常详细的过滤条件，默认情况下有"日期""相机""镜头"和"标签"4 个选项卡。在这些选项卡中，可以将照片的标记、拍摄时间、拍摄器材、参数等作为过滤条件，并且可以组合多个条件进行过滤。这样可以快速、精确地检索出满足不同筛选条件的照片。

　　最重要的一点是，"元数据"下的选项卡是可以更改的。例如，在"日期"子选项卡左上角单击，会弹出下拉列表，在列表中可以选择其他显示类型。本例中选择"关键字"选项，那么"日期"选项卡就变为了"关键字"选项卡，如图 8-22 所示。

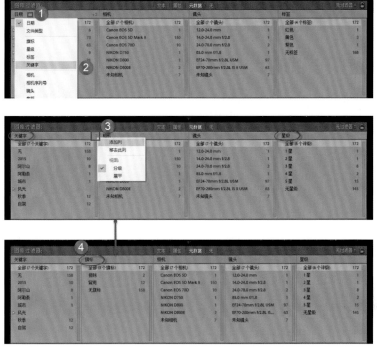

图 8-22

如果单击选项右侧的下拉标记，在下拉菜单中选择"添加列"选项，就可以让元数据过滤器显示出更多的选项卡，可以设定新添加的选项卡为旗标、星标、色标，甚至是相机的光圈、ISO 感光度、快门等详细的 EXIF 参数等。

比如现在要查找佳能 EOS 70D 相机以 F2.8 光圈拍摄的照片。设定元数据显示出光圈、ISO 感光度等详细的 EXIF 参数，然后设定过滤条件为 F2.8、Canon EOS 70D，那么在照片显示区就会显示出我们想要的照片，如图 8-23 所示。

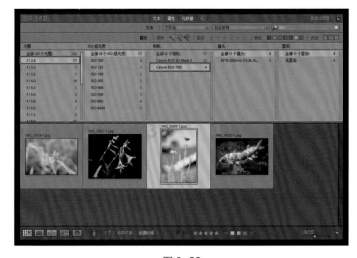

图 8-23

8.6 使用收藏夹组织与管理照片

　　导入 Lightroom 的照片，最初还是以文件夹的形式组织的，并且不同存储盘内的文件夹是分隔开的，这在左面板的文件夹子面板中可以看到。但收藏夹子面板是一套完全不同的体系，这套体系打破了计算机上文件夹的组织形式，是从全图库的范围来组织照片的。举个例子，笔者在计算机中的照片保存在"2015.3.4 鸟巢""2015.4.29 植物园"等文件夹内，导入 Lightroom 时这些文件夹也被保留了下来，这在文件夹子面板中可以看到。但借助收藏夹功能，可以在整个 2015 年拍摄的所有照片范围内挑选自己满意的照片，即时纳入收藏夹中。并且，这个过程是不需要对逐个文件夹进行挑选的，只要设定一定的过滤条件，将自己最满意的照片筛选出来，放入收藏夹就可以了。

　　下面来看具体的操作过程。首先，单击点开收藏夹子面板，在其中唯一的条目"智能收藏夹"上右击，在弹出的快捷菜单中选择"创建收藏夹集"选项，弹出对话框，在其中为将要建立的收藏夹取好名字，本例中将文件夹命名为"2015 作品"，如图 8-24 所示。至于下面的位置选项先不处理，最后单击"创建"按钮即可。

图 8-24

　　接下来就可以在收藏夹面板中看到刚创建的"2015 作品"收藏夹了。设想一下，如果将成百上千的照片放到这一个收藏夹内，浏览时肯定会不太方便，所以可以在这个"2015 作品"收藏夹的内部再创建几个子收藏夹，如"人像""风光""微距""建筑"等，本例中创建的是"风光"子收藏夹。创建时也比较简单，右击"2015 作品"收藏夹条目，在弹出的对话框中将名称填为"风光"，在下方选中"在收藏夹集内部"复选框，并在下拉选项中选择"2015 作品"选项，这样就表示新建的"风光"收藏夹是位于"2015 作品"收藏夹的内部，是一个子收藏夹，如图 8-25 所示。

图 8-25

　　利用过滤器对照片进行过滤，筛选出整个 2015 年拍摄的满意的风光摄影作品，然后按【Ctrl+A】组合键全选筛选出来的照片，单击并拖动到刚建立的"风光"子收藏夹中就可以了，如图 8-26 所示。同理，可以新建"人像"子收藏夹，筛选出 2015 年拍摄的人物摄影作品后，将其拖到"人像"子收藏夹就可以了。这样就实现了对整个计算机上 2015 年所有照片的筛选和组织。

图 8-26

　　使用文件夹组织照片时，如果离开图库界面切换到修改照片界面，是无法看到文件夹面板的，这样使用起来就不够方便了。但即便在修改照片界面中，也可以看到收藏夹面板，如图 8-27 所示。也就是说，可以随意从某个收藏夹内找到不同的照片进行后期处理，这也是利用收藏夹组织与管理照片的另一个较大优点。

图 8-27

相比普通的收藏夹，另一种收藏夹的功能更为强大，使用起来也更方便一些，那就是智能收藏夹。使用普通收藏夹时，要先建立空的收藏夹，然后利用过滤器在全图库内过滤和筛选照片，再将筛选出来的照片拖入收藏夹中，整个过程分为两个环节。但智能收藏夹不同，在建立智能收藏夹的时候，就要设定过滤和筛选条件，在建好智能收藏夹的同时，符合条件的照片就被导入了。

来看具体的操作过程。右击收藏夹中的某个条目，在弹出的菜单中选择"创建智能收藏夹"选项，就会弹出创建设定对话框，如图 8-28 所示。在该对话框中，有关名称、位置的设定与前面介绍的普通收藏夹是一样的，将新建的智能收藏夹命名为"人像"，也是放在"2015 作品"父收藏夹内，这里不再赘述。主要看下面的匹配设置，在匹配区域默认有一个过滤条件，可以设定过滤条件为星标，规定大于等于 4 星的照片会被筛选出来。在这个过滤条件右侧单击"+"按钮，可以新建一个过滤条件，这里设定为文件名，规定文件名中包含"chendi"的照片会被过滤出来。用同样的办法，可以新建多个过滤条件。最终，单击"创建"按钮完成操作。这样，同时满足以上多个过滤条件的照片，就会被自动添加到创建好的"人像"收藏夹内。

图 8-28

　　这时可以看到，符合建立智能收藏夹时所设定条件的照片已经被保存到了"人像"智能收藏夹中。仔细观察一下可以发现，"2015作品"父收藏夹下的两个子收藏夹的图标是不一样的，"风光"收藏夹是个普通收藏夹，而"人像"智能收藏夹图标的右下角是有星号标记的，如图 8-29 所示。

图 8-29

　　如果想要删除某些收藏夹，单击选中后直接按【Delete】键就可以了。删掉收藏夹后，照片依然存在于计算机中。

Lightroom
综合修图 ▾

　　对一张照片的后期处理，主要包括明暗影
调处理、色彩调整、画质优化、镜头校正等几
方面。此外，可能还要借助一些特定的工具对
照片的局部进行特效处理。以上这些已基本上
能够涵盖后期修片最为核心的技术了。

　　接下来会带领读者掌握后期修片的核心技
术，如果仔细阅读就会发现，本章所介绍的后
期技法，基本上都是之前所学理论知识的具体
实践操作。

9.1 照片校正与校准

▶ 镜头校正的正确用法 ▶

再次强调，如果要对照片进行后期处理，最好拍摄 RAW 格式的照片。将照片导入计算机后，再载入 Lightroom，选中要处理的照片，切换到修改照片界面，如图 9-1 所示。

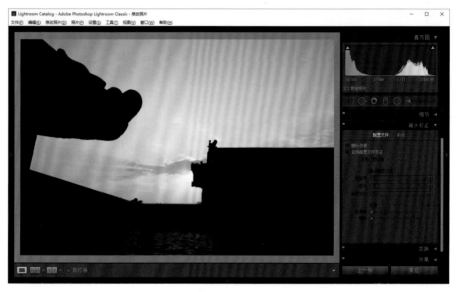

图 9-1

先不要考虑影调与色彩的问题，首先应该对照片进行校正，主要包括两个方面：一是四周暗角的校正，二是四周几何畸变的校正。如果是用长焦镜头拍摄的，那么暗角和畸变可能不是很严重。

照片的暗角形成有三个原因。其一，拍摄场景的光线进入相机，到达感光元件的距离不同，到中间的距离要比到四周边角的距离近一些，并且光线强度也有差别，这样就会造成四角与中间的曝光程度可能有轻微的差别，四周稍低一些，就产生了暗角。使用广角镜头时，这种暗角现象最为明显。其二，拍摄时设定的光圈如果很大，几乎接近镜头的直径，镜壁可能就会产生阴影。当然，这与镜头的设计也有一定关系。其三，如果滤镜或遮光罩的安装不正确，或设计有问题，那么也会产生非常黑的暗角，这种暗角通常被称为"机械暗角"。针对机械暗角，几乎无法通过后期软件进行校正。一旦拍摄完成，那么解决方案只有一个，就是裁剪。

这张照片是使用广角镜拍摄的，所以暗角和畸变比较明显。首先在 ACR 中切换到镜头校正面板，在其中直接选中"删除色差"和"启用配置文件校正"这两个复选框。删除色差主要是用于修复高反差景物边缘的一些彩边，常见的有绿边和紫边，只要选中了"删除色差"复选框，边缘的彩边就会被自动修复掉。

选中"启用配置文件校正"复选框之后，软件会自动识别拍摄所用的相机及镜头型号，并自动载入，之后就可以看到照片的暗角和畸变得到了很好的校正。

本例中，因为拍摄所用的相机与镜头不是同一品牌，所以软件无法识别镜头信息，如图 9-2 所示。

图 9-2

在"制造商"下拉列表中选择镜头生产厂商，这里选择的是 Canon，如图 9-3 所示。然后在"型号"下拉列表中选择所使用的镜头。这样表示手动载入了镜头信息，就可以完成镜头的校正了。

图 9-3

镜头校正后，切换到对比视图，可以观察镜头校正前后高反差边缘色差的变化情况，如图9-4所示。仔细观察，可以看到原图有些位置是有彩边的，而经过镜头校正后，彩边消失。

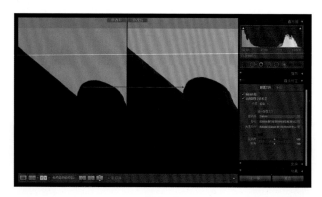

图9-4

当然，有时候也会发现校正的幅度过高，那么可以将底部的两个数量滑块向左拖动进行恢复，避免让四周变得亮过中间。进行一定的恢复之后，画面看起来就会比较自然了。

如果将滑块调整到最左端，就相当于不进行暗角或畸变的校正。

配置文件 – 照片风格 / 优化校准 ▶

经过镜头校正之后，回到基本面板。在其中可以看到配置文件，在其后的下拉列表中有颜色、标准、风景、人像、鲜艳等多种不同的照片风格。这种对照片风格的设定与相机内设定照片风格（尼康相机称为"优化校准"）的原理是一致的。例如，在风光场景拍摄，在配置文件中设定为"风景"照片风格，会让画面的反差、色彩饱和度得到提高。

这种照片风格的配置对于后期软件中的参数是没有影响的，它是在照片内部的配置文件上对影调色彩进行一定的修改。因为后续还要进行大量的调整，所以在此是否提前进行照片风格的配置就要看个人喜好了，笔者不太习惯在正式处理照片影调和色彩之前对照片风格进行配置，因为配置为风景风格后，照片的原始色彩饱和度和反差也会提高，后续的调整空间就会变小。

新版本的 Lightroom 中增加了大量新的照片风格。在配置文件下拉列表的右侧，有一个"浏览配置文件"按钮，如图9-5所示。单击此按钮可以进入更多的照片风格配置界面，可以在其中对照片的原始文件进行全方位、幅度非常大的提前配置。

界面中有"黑白""老式""现代""艺术效果"4组风格配置文件。对于后期技术掌握得不是特别理想的初学者，可以尝试进行一定的提前配置，为照片奠定一个处理的基调。

图9-5

选择要使用的配置文件后，还可以在上方提高或降低配置效果的强度，只要拖动滑块即可。调整好之后单击"关闭"按钮，如图 9-6 所示，就可以回到基本面板进行后续调整了。

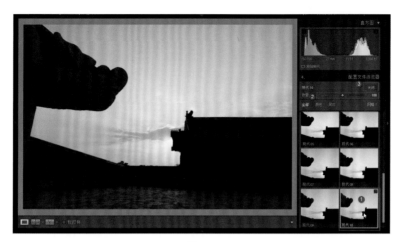

图 9-6

本例设定了"现代 10"这种风格，单击列表，还可以选择其他风格。一般来说，如果不进行特定配置，那么选择"Adobe 颜色"这种默认的风格即可，如图 9-7 所示。

图 9-7

 9.2 基本调整：明暗、色彩与清晰度

单击基本选项卡的标题栏即可展开该选项卡，其中有"白平衡""色调"和"偏好"3 组调整参数。相对来说，基本选项卡内的滑块参数是后期处理中最为常见、最为重要的一些参数，在此能够对照片的白平衡、色温、色调、清晰度、色彩饱和度等参数进行调整，从而实现对照片表现力的基本优化。

照片整体曝光处理 ▶

在 Lightroom 中对照片进行后期处理之前，要做一定的准备。一般是在图库界面选中照片，然后单击切换到修改照片界面。接下来建议将上方的导航栏、左侧面板区、下方的浏览面板都隐藏起来，这样可以更大的视图显示所处理的照片，如图 9-8 所示。右侧面板中的直方图面板要处于打开状态，它能够在后续的照片处理过程中提供很好的参考。本节将要介绍的是基本面板的使用技巧，因此确保基本面板处于展开状态就可以了。

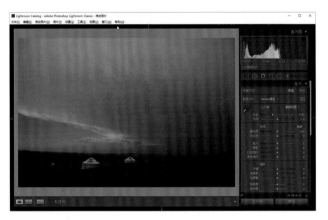

图 9-8

在基本选项卡中，虽然白平衡参数区域在最上方的位置，但一般情况下不建议读者一开始就调整白平衡。因为在曝光值偏低或偏高的照片画面中是无法很好地观察照片色彩的，这样就无法准确调色。所以在照片的后期处理中，首先应该调整的是照片的曝光值。

观察本例中的照片，曝光明显不足，因此可以直接向右拖动"曝光度"滑块，适当提高曝光值。拖动曝光值滑块时，要注意观察上方的直方图面板，注意不要让像素撞到右侧的边线，最好稍稍留出一定的空白区，这样可以为后续的对比度调整留出一定空间。此时观察照片，会发现画面的整体明暗虽然已经趋于正常，但影调层次不够丰富，这可以通过适当提高对比度进行强化。因此向右拖动"对比度"滑块，提高对比度，这样照片的影调层次会变得丰富一些，效果如图 9-9 所示。

图 9-9

画面分区曝光改善 ▶

通过曝光度与对比度的调整，可以让照片的整体明暗变得正常，并且让影调层次丰富起来。接下来是对画面的细节进行优化，具体会用到"高光""阴影""白色色阶""黑色色阶"4 组调整滑块。

其中，高光和阴影是对照片的中间调进行细节优化。之前对比度的调整，让亮部整体变得更亮，暗部变得更暗，这样会损失一些亮部和暗部的细节。降低高光可以追回一些亮部的层次细节，提亮阴影则可以让暗部的细节层次更丰富一些。调整时要注意幅度不宜过大，否则会让照片的对比度调整失去意义。

白色色阶和黑色色阶的调整，意义在于让照片的像素从最亮的 255 到最暗的 0 都有分布。经过前面的调整，假如照片的像素只分布在 15 ～ 230 级亮度，就表示照片的暗部不够黑，并且亮部不够白，即动态范围没有覆盖 0 ～ 255 整个亮度区间。调整时，只要裁掉暗部 0 ～ 15 和亮部 230 ～ 255 这两部分没有像素的空白区域，就实现了对暗部和亮部的重新定义，照片像素就会分布在整个亮度区间而不会有空白区域了。

对照片的曝光度和对比度进行调整后，在分区调整时，通常的操作是降低高光、提亮阴影、提高白色色阶、降低黑色色阶，这一系列操作可以让照片的整体及局部影调层次都变得合理起来。对画面亮部、暗部等不同分区进行适当调整后，效果如图 9-10 所示。

图 9-10

在对白色色阶和黑色色阶进行裁剪调整时，幅度也不宜过大，否则会裁掉有效像素，让照片损失暗部和高光细节。有一个办法可以避免出现如此明显的失误：在直方图面板的左上方和右上方，分别单击"阴影剪切"和"高光剪切"按钮，这样在拖动白色色阶和黑色色阶进行裁切时，一旦出现因幅度过大而损失像素的情况，画面中就会出现警告，如图 9-11 所示。

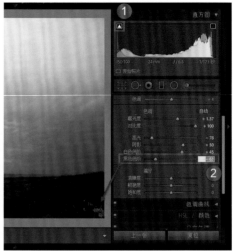

图 9-11

自动色调功能的使用技巧与价值 ▶

在照片的色调处理区域中，还有一个比较有意思的功能没有介绍，那就是自动色调处理。在色调处理区域的右上方有一个"自动"按钮，无论是否已经对照片进行过处理，只要单击"自动"按钮，Lightroom 就会根据原照片的明暗情况进行智能优化。

图 9-12 所示为单击"自动"按钮后对照片进行自动处理的效果对比。

图 9-12

从修改后的照片效果中可以看到，照片明暗及层次均得到了优化。对于初学者来说，如果对照片曝光及影调层次的理解并不深，可以考虑直接使用自动处理功能，让软件自动对照片进行优化。但自动处理的效果与手动调整相比并不算太理想，对于后期能力较强的用户来说，还是建议手动处理。

自动色调功能对于后期高手来说，也是具有一定参考价值的。具体来说，就是在进行手动调整之前，可以先单击"自动"按钮，查看各调整滑块的变化情况。从本例中可以看到，Lightroom 软件对照片的判断是要提高曝光值，提高白色色阶值，降低黑色色阶值。这样在手动调整时，就可以有参照性地进行处理了。

白平衡与色温调色 ▶

因为照片的明暗变化相当于在色彩中加黑或加白，对色彩是有一定影响的，并且曝光值过高或过低时无法判断照片的色彩，所以建议照片的白平衡与色温调整放在明暗影调调整之后进行。

1. 利用白平衡模式与色温调色

如果拍摄时的相机白平衡模式设置有问题，那么照片整体就是偏色的。如果拍摄了 RAW 格式照片，在 Lightroom 中就可以得到很好的校正。

假如拍摄时因为没有注意相机的设定，使用的白平衡模式有误，那么照片色彩可能会有很大的偏差。这种情况下，直接在白平衡后面的下拉列表中选择不同的白平衡模式，通常就能够得到很好的校正。

在图 9-13 所示的照片中，画面明显偏洋红色，从这个角度来看，拍摄时的白平衡设置是有问题的。在右侧面板的"基本"选项卡中有"白平衡"选项组，如果拍摄的是 RAW 格式照片，就可以直接在其后的下拉列表中选择不同的白平衡模式并查看效果。

图 9-13

在选择不同的白平衡模式查看色彩变化时，要根据照片的实际情况进行选择。例如，在晴天室外的太阳光线下，可以选择"日光白"模式进行查看；而本图中，主光源是钨丝灯，在列表中与之对应的是白炽灯，所以可选择"白炽灯"模式，此时的照片色彩会有明显变化，如图 9-14 所示。

图 9-14

原片改为"白炽灯"模式后，色彩变好了一些，但仍然是有问题的，有些过于偏冷了，适当提高色温值可以让画面向偏暖的方向变化。具体操作是，向右拖动"色温"滑块提高色温值，此时照片色彩开始变暖，主要是向黄色的方向偏移；与此同时，还要适当左右拖动"色调"滑块，对色彩进行校正，以获得更为准确的画面色彩，如图 9-15 所示。

图 9-15

2. 利用中性灰校准白平衡，获取准确色彩

前面介绍过，利用中性灰可以校准白平衡，Lightroom 中同样集成了该功能，与 Photoshop 中的校色原理是一样的，只是界面设置稍有差别。"基本"选项卡的左上角有一个很大的吸管形按钮，名为"白平衡选择器"，单击该按钮即可使用。具体使用时需要寻找要校色照片中的中性灰像素区域，单击拾色即可。

Lightroom 中的拾色会麻烦一点，因为无法用阈值变化查找中性灰，所以只能凭借经验来确认中性灰的位置。为了避免选择中性灰时产生较大失误，Lightroom 设置了"拾取目标中性色"面板，该面板放大显示了鼠标指示位置周边像素的颜色，通过显示的颜色可以更为准确地确定中性灰。如图 9-16 所示，不断地轻移光标，让"拾取目标中性色"面板中像素的颜色尽量接近中性灰。

图 9-16

　　确定中性灰像素后，单击鼠标即可完成白平衡的校准，此时照片的色彩变化如图 9-17 所示。需要注意的是，最终光标确定的像素越接近中性灰，校准后的照片色彩就越准确。通常情况下，需要多次选择不同的位置进行比对，这样才能获得更为准确的色彩还原效果（在进行下一次中性灰校色之前，可以通过单击右下角的"复位"按钮来恢复照片的原始色彩，如此反复操作，直至找到自己满意的色彩效果为止）。

图 9-17

清晰度调整对照片的改变 ▶

　　清晰度是衡量一张照片成败的指标之一。清晰的照片会让人感觉非常舒适，不清晰的照片会让人感觉照片画质不够细腻，画面不够讲究。一般的风光照片对清晰度的要求非常高，所以大多数情况下，摄影师在后期软件中都要对照片的清晰度进行适当调整。

　　这里所讲的清晰度是指照片的整体清晰程度，而非锐度。下面将详细介绍清晰度的概念，以及清晰度与锐度的区别。

1. 清晰度调整

修改照片界面的"基本"选项卡下有清晰度调整选项。这种清晰度调整，主要是指在不影响照片整体画面的曝光、明调暗调的分布的前提下，增加局部区域的对比度。

在图 9-18 左图中，降低清晰度时，可以发现画面整体变得柔和，画面中景物轮廓不再清晰，有些细节也无法显示出来。提高清晰度值，最直观的感受就是画面中景物的轮廓变清晰了，明暗对比效果变得更加强烈，景物也显示出了足够的细节，如图 9-18 右图所示。

图 9-18

可以看出，清晰度调整之前和之后，照片画面的亮调和暗调区域变化不大，即照片整体的曝光值、影调层次等变化都不大。但如果从局部细节来看，亮调的高光更亮，对比更明显，这样会让人感觉照片整体变得清晰起来了。

2. 清晰度与锐度调整

与清晰度调整不同，锐度调整是指通过提高景物局部细节边缘周边的对比度，让画面看起来更清晰、更锐利。从定义可以知道，"锐度即清晰度"的说法是不准确的。并且，画面分别只调整锐度和清晰度，最终给人的直观感觉也会有较大差别：锐度更像是非常细腻的微观调整，而清晰度调整则让画面的整体看起来轮廓分明，更加清晰。图 9-19 左图所示为原图，右图为进行锐化后的画面，可以发现对原照片分别进行清晰度和锐度调整之后，效果并不相同。

适当的清晰度调整可以增强画面景物的轮廓、层次和细节，使画面更具视觉冲击力；而锐化处理则只是丰富了画面的锐利、细腻程度，在一定程度上可以显示更丰富的细节，对画面的视觉冲击力几乎没有影响。

一般来说，对于风光、建筑、小品类题材，进行锐度和清晰度调整是必不可少的。对于一般人像来说，则很少进行清晰度的调整，在纪实人像中对清晰度的调整会经常使用。

图 9-19

　　清晰度调整是通过提高照片的局部对比度来增加图像的深度，对中间调的影响最大。此设置类似于设定超大半径的 USM 锐化。虽然清晰度越高轮廓越清晰，视觉冲击力也越强，但如果清晰度过高，景物边缘就会出现明显的亮边，造成画面失真，所以要控制好调整的幅度。

　　下面来看本节前面调整的草原照片，将清晰度滑块调整到最高之后，天空的云层、右下角地面的草原部分，都显示出了更为明显的轮廓和层次，如图 9-20 所示。照片清晰度调整前后的画面效果对比如图 9-21 所示。

图 9-20

图 9-21

 **色彩浓郁程度的掌握** ▶

　　"偏好"参数组中的最后两个调整滑块分别为"鲜艳度"和"饱和度"调整。鲜艳度其实对应的是自然饱和度，前面介绍过饱和度与自然饱和度的概念及用法：提高自然饱和度时，会提高照片中纯度偏低色彩的鲜艳程度，让画面整体看起来色彩浓郁鲜明；饱和度则会等量提升所有色相的饱和度，这可能会造成原本饱和度较高的色彩出现过度饱和的情况，让画面损失色彩细节，导致画面失真。

9.3　色调曲线

　　Lightroom 照片处理的第二个选项卡是"色调曲线"。利用色调曲线可以对照片的整体亮度、对比度、亮部和暗部色阶等进行大幅度的调整。在实际应用中，对照片明暗的处理主要是在"基本"选项卡内完成的，使用色调曲线的时候并不多。

　　当"基本"选项卡内的曝光、对比度等选项无法实现对照片比较彻底的明暗调整时，色调曲线调整可以起到很好的补充作用。Lightroom 中色调曲线的功能设定与使用方法，与 Photoshop 曲线几乎完全一样。本例中，以一张照片的处理过程为例进行介绍。选中照片，切换到修改照片界面，然后单击切换到"色调曲线"选项卡，如图 9-22 所示。

图 9-22

　　在色调曲线选项卡中，可以先使用"点曲线"功能。该功能后面有一个下拉列表，其中有"线性""中对比度"和"强对比度"3 个选项，对于明暗层次不够丰富的照片来说，可以设定强对比度，利用预设的曲线自动完成对照片的处理，效果如图 9-23 所示。从处理效果来看，即便是强对比度的预设曲线，往往也无法让照片获得强力调整。但这种系统自动的调整，可以给摄影师指引处理的方向，比如在本例中可以发现照片的处理方向是提高中间调的对比度。

　　对于已经在"基本"选项卡中进行过明暗影调处理的照片，如果对比度仍然不够高，可以在切换到色调曲线选项卡后，通过选择"点曲线"后的选项进行自动处理，通常就可以将照片调整到位了。

图 9-23

　　对于明暗层次非常模糊，对比度不够高的画面，使用点曲线的几种预设是无法实现很好的处理效果的。因为点曲线后的自动预设的调整幅度太小，这就会导致处理效果不明显。进行手动处理可以很好地解决这个问题，但代价是可能会让照片损失少量的高光和暗部细节，这有时是不可避免的。

　　正常情况下是无法在曲线上制作锚点的，需要通过拖动下面的高光、亮色调、暗色调和阴影 4 个滑块实现调整。针对本例中的照片，大幅度向右拖动亮色调滑块，稍微向左拖动暗色调滑块，这样就能裁掉缺乏像素的高光和暗部，画面的影调层次也就变好了一些，如图 9-24 所示。当然，还可以对高光和阴影进行调整，对照片的影调层次做进一步的优化。

图 9-24

注意，在色调曲线选项卡中，亮色调对应的是基本选项卡中的白色色阶，暗色调对应的是黑色色阶。

默认情况下，将鼠标指针移动到曲线上时会生成锚点，移开鼠标指针则锚点消失。在色调曲线右下角单击"编辑点曲线"按钮，此时曲线会由滑块拖动状态切换到锚点调整状态。在这种状态下，就可以先在曲线上打点，然后再拖动锚点进行调整了。这种利用锚点调整曲线只是另一种调整方式，与滑块调整的方法并无太大的不同。当然，两种方式也存在一定的差别，例如可以在曲线上的任何一点制作锚点，然后拖动调整，如图 9-25 所示。也就是说，利用锚点调整曲线可以控制更多位置的明暗影调，更精确和细腻一些。

图 9-25

与 Photoshop 中的曲线调整类似，对于不想要的锚点，只要单击并拖动到曲线框之外，就可以消除这个锚点。但是应该注意，在 Lightroom 的色调曲线选项卡中，只能按住锚点后向四个角外拖动，才能消除锚点，如图 9-26 所示。向上、下、左、右 4 条边外拖动是无法消除锚点的。

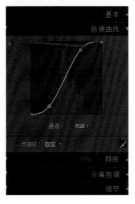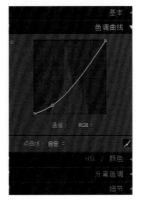

图 9-26

目标调整工具也被集成到了色调曲线面板中。在面板的左上角，单击选中"目标调整工具"，然后将光标移动到想要调整明暗的位置，此时可以发现光标的样式发生了变化。具体调整时，单击并向上拖动可以提亮该位置的亮度，向下拖动则会压暗。相应地，曲线上也产生了对应的锚点，在照片中拖动时，锚点也会带动曲线的形状发生变化，如图 9-27 所示。

图 9-27

9.4 HSL/ 颜色：强大的调色工具

修改照片界面右侧的第三个选项卡为"HSL/ 颜色"选项卡，其中 H（Hue）代表色相，S（Saturation）代表饱和度，L（Lightness）代表明度。在该选项卡中，可以对照片进行精细的色彩控制。

1. HSL 选项卡

在使用 HSL/ 颜色选项卡调色时，应该注意一个细节，该选项卡是由 3 层选项卡嵌套在一起的。首先，单击 HSL/ 颜色选项卡右侧的下三角标记，即可展开第 1 层选项卡；其次，分别单击"HSL""颜色"和"黑白"，可以打开对应的第 2 层选项卡；最后，分别单击"色相""饱和度""明亮度"，可以展开第 3 层选项卡。当然，也可以单击"全部"，让 3 层选项卡的多个界面都显示在一起，如图 9-28 所示。

图 9-28

　　HSL/颜色选项卡中也有目标调整工具，单击这个工具，鼠标移动到画面中变为双向调整的光标后，就可以进行拖动了。本例选中的是色相组中的目标调整工具，因此用鼠标在画面中拖动时只会对照片的色相产生影响。观察照片，发现天空的蓝色并不纯正，有些泛红，因此在天空位置单击并向下拖动，可以发现色相组中的蓝色、紫色滑块均产生了向左的偏移；同时，让霞云的色彩向黄色方向偏移一些，并适当微调左下角水面的色彩。最终效果如图 9-29 所示。

图 9-29

　　最终调整后的色相参数，以及画面调整前后的效果对比如图 9-30 所示。

　　与色相调整一样，可以通过拖动不同色彩饱和度的滑块进行饱和度调整，也可以利用饱和度参数组中的目标调整工具进行调整。其实，在调整色相时有一个知识点没有说明：如果直接拖动色条下的滑块，就需要用肉眼来判断照片中的色彩，继而找到应该调整哪种色彩的饱和度，而有时候肉眼是无法准确判断应该调整的是哪种色彩的。目标调整工具则不存在这个问题，只要觉得哪个位置的色彩不够鲜艳，选择该工具后，将鼠标移动到想要调整的位置，来回拖动就可以调整。如图 9-31 所示，天空的饱和度不够高，因此向上拖动以提高此处的饱和度，同时提高草地的饱和度，然后提高主体牛的饱和度。调整前后的效果对比如图 9-32 所示。

图 9-30

图 9-31

图 9-32

很多时候，我们主要使用色相、饱和度来对照片进行调色，对色彩明度往往是忽略的。但实际上，如果对色彩明度进行合理调整，也会给照片增色不少。HSL 的一组参数便是明度调整，接着前面的调整效果进行处理：提高黄色、绿色部分的明度可以提亮草地部分，提高红色部分的明度可以让作为主体的牛身上的色彩更加明亮突出一些，降低蓝色的明度则可以让天空的色彩更鲜艳，这样处理后的照片效果如图 9-33 所示。

图 9-33

2. 颜色选项卡

HSL/ 颜色选项卡下的第二个子选项卡是颜色。在掌握了第一个 HSL 子选项卡之后，再看颜色选项卡就非常简单了。展开颜色选项卡会发现，该选项卡就是对 HSL 的参数重新进行了组织展示，而调整的内容是一样的，如图 9-34 所示。当然，也可以单击后面的"全部"按钮，将所有色彩都展开显示。

图 9-34

9.5　分离色调：快速统一画面色调

与一般的调色方式不同，分离色调是将照片的整体划分为亮调和暗调两部分，然后分别对亮调的区域和暗调的区域进行色彩的渲染，包括改变色相、调整饱和度两项。

相信大家都有这样的经验，即便是同样色调的景物，在受光和背光时的色调也是不一样的。在使用分离色调功能时，可以充分应用这一规律，为亮部和暗部渲染不同的色调，让画面的色调变得漂亮并且比较统一，显得干净。下面来看具体的例子，图 9-35 所示的照片，色彩还原是比较准确的，但很明显这种灰蒙蒙的色调并不好看，如果能够渲染一点偏冷的色调，画面效果应该会更好。

图 9-35

在分离色调选项卡下，将天空、泛起水花的水面等亮调部分渲染为淡蓝，甚至是泛青的色调（拖动色相滑块到合适的色彩位置即可；当然，也可以单击色调右上方的"色块"图标，在打开的拾色器中取色），然后适当调整亮调部分的饱和度。根据我们的认知，暗部的色彩往往要深一些，因此接下来为暗调部分渲染一种更深的蓝色调。最终的参数及照片效果如图 9-36 所示。

这里要注意的是"平衡"调整滑块，从滑动条的样子基本上可以判断出来，该滑块主要用于调节亮部和暗部调色所影响区域的比例。假如"平衡"滑块在中间偏左一些，那么暗调深蓝色的影响更大；假如"平衡"滑块在中间偏右的位置，那么亮调浅蓝色调的影响更大。

图 9-36

　　本例以一张风光照片来介绍分离色调功能的使用技巧，这种分离色调比较容易渲染出一种所谓的"网红"色，深受广大年轻摄影师的喜爱。另外，在人像摄影中，分离色调还可以在不过度影响人物面部的前提下，改变暗部背景的色彩，从而渲染出不一样的画面氛围。这里仅提供图 9-37 所示的效果对比，有兴趣的读者可以自行尝试一下（素材附赠）。

图 9-37

9.6 照片细节优化：锐化与降噪

在 Photoshop 中，可以利用 USM、智能锐化等滤镜对照片进行处理，让画面变得更加锐利，细节更加丰富；在智能锐化和减少杂色滤镜中还可以对照片进行降噪处理，让原本噪点较多的画质变得细腻平滑。在 Lightroom 中，有关照片锐化与降噪的功能，都集成在"细节"选项卡中。

下面将通过一张具体的照片，来介绍"细节"选项卡的使用方法和技巧。单击切换到"细节"选项卡，为了方便观察，可以尽量将照片放大，如图 9-38 所示。

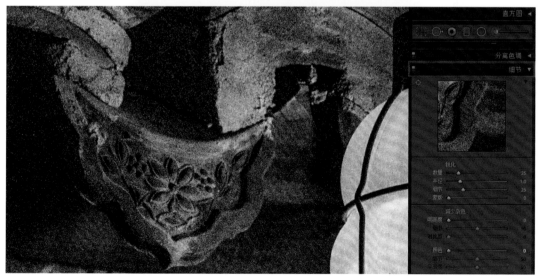

图 9-38

观察照片放大后的效果，就会发现噪点非常严重。对于噪点如此严重的照片，就不能先考虑锐化的问题了，而是应该先考虑怎样把噪点降下来，让画质变得平滑。"细节"选项卡下方有"减少杂色"参数组，里面有多个参数，其中"明亮度"参数就是指降噪的程度，与在 Photoshop 中进行降噪时的"强度"参数功能一样。这里提高"明亮度"数值，会发现画面中的噪点明显减少了，效果对比如图 9-39 所示。这里有两个要点需要注意：提高"明亮度"滑块后，"细节"滑块直接跳为 50，这个滑块用于抵消提高明亮度降噪所带来的细节损失，参数越大，保留的细节越多，即降噪效果越不明显；"对比度"滑块是用于抵消降噪所带来的对比度下降，该功能的效果非常不明显，保持默认的 0 即可。

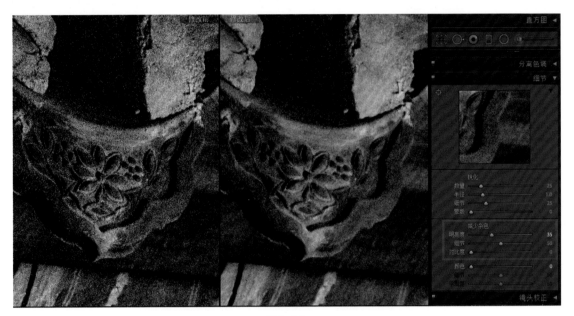

图 9-39

当前的降噪效果已经很明显了，但效果图中仍然存在彩色的噪点，这时就需要使用"颜色"滑块进行调整了。提高"颜色"滑块的数值，可以发现彩色噪点被消除掉了，如图 9-40 所示。同样的，在"颜色"滑块下方，也有两个可以进行微调的滑块。其中，"颜色细节"滑块用于抵消一部分降噪对色彩的影响；"颜色平滑度"则更有用一些，可以消除暗部密集的彩色小噪点。在调整颜色滑块之后，这两个参数均自动跳为 50，保持默认即可，因为即便调整这两个滑块，对画面效果的影响也非常小。

从图中可以看到，画面中的大部分噪点被消除掉了，美中不足的便是照片的锐度有所下降，细节也有一定损失。那么可以回到界面上方的"锐化"区域进行调整。

"锐化"区域有 4 个参数，"数量"滑块非常简单，与 USM 锐化和智能锐化中的"数量"概念基本上是一样的，但是这里的"数量"调整效果更加明显一些。通常情况下，在 Lightroom 中对照片进行锐化，"数量"值的设定不宜超过 150，通常设为 100 左右即可。

"半径"滑块也非常简单，唯一需要注意的是，这里的半径不是以像素为单位的，通常不能设定得太大，建议设定为 1 ~ 1.5 的数值。本例中设定为 1.2，可以发现调整效果是非常明显的。

"细节"滑块的数值较低时不锐化照片中的细节，设定较高的数值时会突出照片的细节。本例中，如果将"细节"改为 20%，就会发现由于对暗部的细节进行了锐化，再次产生了大量的噪点。建议在对照片进行降噪之后，就不要再调整细节滑块了，让其保持在 0 ~ 20 即可，最终参数设定及处理前后的效果对比如图 9-41 所示；如果是在光线比较理想的条件下拍摄的照片，没必要进行降噪处理，则可以适当增大这个数值。

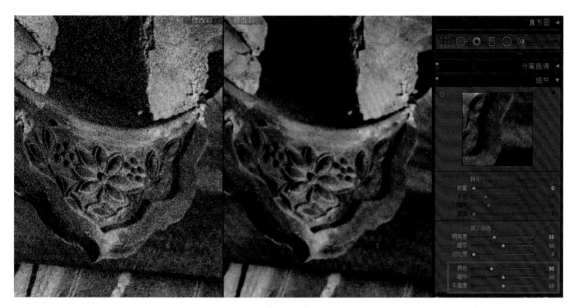

图 9-40

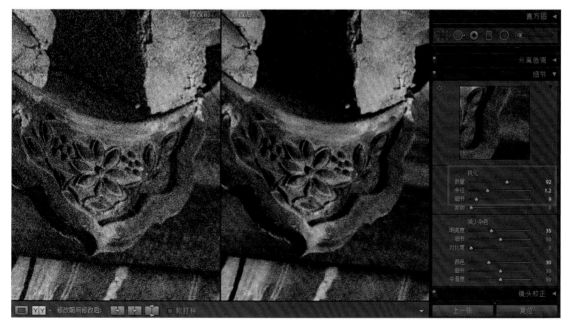

图 9-41

至此，照片的降噪及锐化过程基本上就结束了，照片锐化和降噪前后的效果对比如图9-42所示。

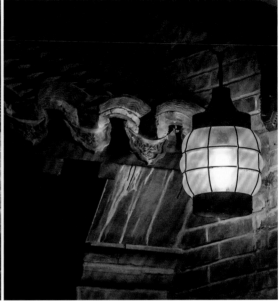

图9-42

这里需要注意以下两个问题。

（1）针对有大量噪点的弱光照片，可以先在"细节"选项卡中进行降噪处理，然后再进行锐化处理；对于一般光线下的照片，通常是先进行锐化处理，再对锐化产生的噪点进行降噪处理。

（2）照片的处理流程是：先对照片的构图、明暗影调、色彩进行处理，然后才是在"细节"选项卡中进行锐化或降噪处理。

虽然照片的处理已经结束了，但还有一个"蒙版"滑块没有介绍，主要是因为在进行夜景的降噪和锐化处理时，这个命令实在有些"鸡肋"，看不出调整的效果，所以换一张白天拍摄的人像照片来看这个滑块命令到底是怎样使用的。如图9-43中第一行的第2个图所示，从图中可以看到，蒙版值为0时，锐化是针对全图的；蒙版值为80时，锐化是针对眼睛、鼻梁、嘴唇等反差很大的边缘位置进行的。

图 9-43

　　如果觉得不够直观，只要按住【Alt】键，然后用鼠标拖动蒙版滑块，就可以看明白了。当蒙版值为 0 时，整张照片都是白色的，表示锐化对整个画面都有效；蒙版值为 80 时，只有高反差的边缘部分为白色，锐化就是针对这些高反差部分的，如图 9-43 第 2 行所示。

Lightroom
核心修图技术 ▾

　　对照片进行全局的影调和色彩调整之后，只是让相机拍摄的照片基本上还原了人眼看到的美景，事实上这并不是真正的创作，因为在实际的摄影创作中，摄影师会对整个场景进行提炼。比如，要突出主体、弱化场景及其他干扰元素带来的影响。而照片的精修就是在全局调整之后，让照片得以升华的重要步骤。具体来说，对照片进行精修时可能会对主体部分进行影调及色彩的单独强化，对陪衬的景物进行弱化，甚至还要消除掉干扰元素，这样才能真正完成照片的整个后期处理。

下面介绍照片精修中最重要的内容，即对照片局部的调整和优化。

之前介绍的照片后期处理，是从照片全局的影调和色彩来把握的，这样照片整体看起来会比较漂亮，但这也仅限于帮助相机还原场景整体的效果。从摄影的角度来看，这是没有太多创意性的，因为人眼面对这个场景时就能够看到，并且人的大脑也能够提炼出场景中最为精彩的部分作为主体或视觉中心。但相机却无法分辨，只会忠实地记录场景，这样就会造成主体不够突出，画面的主次不分明。

整体来看，全局调整之后的照片虽然比较漂亮，但不够耐看，没有创意，因此需要进行后续的处理。本章将带领大家对照片局部进行调整和优化，制作出符合自己创作意图的摄影作品。

10.1 调整画笔工具的应用实战

在摄影后期制作中，对于照片主体的提炼和强化，对于陪体、背景等的弱化，以及对于照片中瑕疵的修改，都是照片的局部调整。并且，这种局部的调整也是摄影后期真正的核心部分，因为整体的调整只能让照片整体的影调、色彩变得比较理想，但对于想强化的主体等是没有办法单独强化的。

在 Lightroom 中，可以只借助 3 种工具就实现对照片非常完美的局部调整。

Lightroom 的局部调整工具主要有调整画笔、渐变滤镜和径向滤镜这 3 种。这 3 种工具的基本原理及使用方法大致相同，其中调整画笔工具的功能最为强大，使用也比较方便。因此这里先来介绍调整画笔的使用方法，在掌握了调整画笔的使用方法之后，后续的渐变滤镜与径向滤镜的使用也就不是问题了。

图 10-1 所示的照片是在雾灵山拍摄的峡谷溪流，可以看到整体效果还是不错的，但水边的岩石亮度比较高，这会削弱水流的表现力，并且让画面显得不够幽静，与我们想要表现的主题是不相符合的，因此需要对岩石部分进行压暗处理。

使用调整画笔进行涂抹，将岩石部分压暗，再对水流部分进行简单的提亮处理。处理之后，照片中作为主体的水流非常突出，岩石亮度适中，画面整体有一种非常幽暗的氛围，生机勃勃，如图 10-2 所示。虽然后期处理的幅度看似非常小，但是在真正处理时，要用到的后期技术还是比较复杂的。

图 10-1　　　　　　　　　　　　　　　　　　图 10-2

　　切换到镜头校正面板，如图 10-3 所示，在其中直接选中"删除色差"和"启用配置文件校正"这两个复选框。大多数情况下，选中这两个复选框之后，底部的镜头配置文件列表中就会自动识别出拍摄这张照片所用的镜头类型以及配置文件，对照片暗角以及四周的几何畸变进行矫正。但拍摄这张照片用的相机是索尼的 A7RM2，镜头却是佳能的 16-35mm 镜头，这种情况下软件无法直接识别。针对这种情况，可以在制造商后的列表中选择佳能，后续的机型及配置文件等就会自动识别。这里的识别并不是特别准确，因为实际使用的是 16-35mm f2.8 的三代镜头拍摄的，但识别出的是 16-35mm f4 镜头。所以既可以在列表中选择 16-35mm f2.8 的三代镜头，也可以保持默认的自动识别结果，因为焦段大致重合就可以了。可以看到，四周的暗角及几何畸变校正的效果比较理想。

图 10-3

切换到基本面板，直接单击中间的"自动"按钮，如图 10-4 所示，由软件根据照片中像素明暗的分布进行自动调整。软件会降低高光，避免高光溢出；提亮阴影，追回暗部的一些层次。

图 10-4

这种自动调整非常快捷，但是问题也比较明显，因为只为了追回细节，所以此时的照片层次可能与预期的相差比较远。

在自动调整的基础上，手动进行一些校正，如图 10-5 所示。大幅度降低高光值，进一步追回损失的高光层次细节。至于曝光值可以稍稍降低一些，因为我们追求的是一种比较幽静的氛围。

图 10-5

此时可以看到，两边的岩石经过整体调整之后，亮度并没有降下来，对水流的干扰还是非常大的。接下来就对岸边的岩石进行调整。

在 Lightroom 上方的工具栏中单击"调整画笔工具"，如图 10-6 所示。使用该工具时，需要设定一些参数，画笔刷过的区域会由设定的参数进行修改。在右侧的面板中可以看到大量的调整参数，与基本面板中的调整参数比较相似。

图 10-6

在具体调整之前，要先定位到参数面板底部，对画笔的大小、流畅
度以及密度等进行调整，如图 10-7 所示。大小是指画笔直径的大小，
该值决定了画笔涂抹时影响区域的范围；羽化是指画笔边缘的羽化程度，
值越高边缘越柔和，如果羽化值为 0，那么边缘是硬朗的边界，调整区
域与非调整区域的分别非常明显，所以一般来说要大幅度提高羽化值；
流畅度是指涂抹时画笔的流畅程度，如果该值很低，那么画笔在涂抹时

图 10-7

就是一个一个不连续的点，如果该值很高，那么画笔的涂抹痕迹就会连成线；密度则是指涂抹的
强度。

根据实际情况设定合适的大小等参数值，至于密度则调整到大概中间的位置。

接下来回到画笔参数调整区域。在其中设定降低曝光度、降低高光、降低白色色阶，并适当提
高对比度，然后在岩石上进行涂抹，这样可以压暗岩石，并且适当地保留岩石表面的影调层次，如
图 10-8 所示。

图 10-8

涂抹之后，如果发现效果比较弱，岩石压得不够暗，那么还可以在参数面板中继续改变参数值，如图 10-9 所示。比如，当前的涂抹效果不够理想，可以继续降低曝光度，进一步强化涂抹的效果。

图 10-9

对岩石部分调整到位之后，可以发现远处的树林部分亮度比较高，与岩石部分不是很协调，因此可以再次在参数面板上方单击"新建"按钮，创建一支新的画笔，如图 10-10 所示。新创建的画笔与之前使用的画笔的参数是一样的，但对于树木的涂抹显然不能使用压暗岩石的参数。

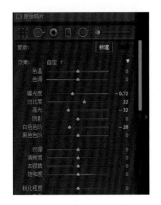

图 10-10

　　适当降低曝光度、降低高光、降低对比度，降低对比度是为了避免远处树林中一些树木的线条过黑，导致远处的树林背景变得杂乱。设定好之后在树林部分进行涂抹，如图 10-11 所示，可以看到，很好地削弱了树林的干扰，并且树林与岩石看起来更加协调了。

图 10-11

　　再次新建一支画笔，参数设定为提高曝光度、降低高光、降低清晰度、降低去朦胧，对水流进行涂抹和强化，如图 10-12 所示。

图 10-12

　　提高曝光度是因为要提高水流的亮度，让水雾更明亮；降低高光是为了避免部分很亮的水流会出现高光溢出的问题；降低清晰度和去朦胧是为了让雾化的水流更加平滑、柔和。

　　接下来在水流部分进行涂抹，这样可以强化作为主体的水流部分。

　　参数的设定及调整的幅度，要根据个人的理解以及具体实践经验进行设定，摄影师的后期经验越多，直接设定正确参数的能力就越强。

　　要观察涂抹的区域，可以在参数面板底部选中"显示选定的蒙版叠加"复选框，选中之后可以看到，当前对水流的涂抹部分以红色显示。当前显示的红色并不是对照片的实际修改，只表示调整的区域。

　　至此，对照片的调整已经使用了 3 支画笔，可以看到有 3 个圆形的标记，两个灰色的标记表示那两支画笔没有被激活，只有中间带黑点的标记表示那支画笔处于激活状态。

图 10-13

　　调整完成后，在工作区照片右下角单击"完成"按钮，可以退出局部调整工具，回到基本面板。

　　在基本面板中适当降低色温值，为画面增加一种幽静的氛围。适当提高自然饱和度，可以强化画面的色彩感，如图 10-14 所示。

　　经过调整之后，虽然主要目的已经实现，但是照片还存在一些问题，那就是画面整体不是很通透。切换到色调曲线面板，在其中创建一条轻微的 S 形曲线，如图 10-15 所示。提亮亮部、压暗暗部，让画面整体上更加通透。

图 10-14

图 10-15

　　之所以没有通过提高对比度来强化画面反差，是因为利用S形曲线是从宏观上改善通透度，改善效果会更加明显，而提高对比度则是对画面局部反差进行提高，对画面的通透度调整效果不够理想。并且，提高对比度会对画面的色彩产生过大的影响。所以一般情况下，照片调整的最后阶段都是通过创建S形曲线来实现通透度的提升。

至此，照片的调整基本完成。但如果仔细观察照片，可以看到仍然有些问题，比如有些岩石的亮度依然太高，有些水面位置被压暗了。

单击调整画笔工具，可以看到 3 支不同的画笔标记。将鼠标移动到岩石画笔工具上单击，可以激活这支画笔。由于涂抹区域漏掉了一部分岩石，因此将鼠标移动到漏掉的位置上进行涂抹，就可以将其添加进来了，如图 10-16 所示。

图 10-16

对于水面被压暗的部分，需要进行清除处理。

涂抹岩石时把一些水流部分也压暗了，这是不合理的。因此在下方单击"清除"按钮，然后缩小画笔直径，将压暗画笔包含进来的水流部分涂抹掉，表示对这部分压暗进行了清除，如图 10-17 所示。

图 10-17

这样，整个后期处理就完成了。

回顾整个后期处理过程：首先对照片进行了非常简单的整体处理；其次单独压暗对主体有强烈

干扰的局部（岩石和树木部分）；再次对作为主体的水流部分进行提亮和柔化处理，强化这个部分；最后整体上提升照片的通透程度。

　　这张照片的后期处理，最核心的部分是使用调整画笔这一局部调整工具，对照片的主体、陪体、背景等进行分区处理，最终实现创作目的。

10.2　渐变滤镜的应用实战

　　对照片的整体调整，优化画面的影调与色彩可以让照片看起来比较协调。借助调整画笔这种局部调整工具，可以对照片中的局部进行分区处理，比如强化主体、弱化陪体、修复瑕疵，真正提升摄影作品的表现力。

　　但是，调整画笔工具有一个比较大的问题，它可以优化一些比较零散的形状和不规则的局部，但对于大面积的局部调整，使用调整画笔工具时会存在问题，如涂抹不均、有些位置会被遗漏，这样画面经过涂抹之后看起来就不够协调自然。

　　针对这种情况，Lightroom 软件设定了渐变滤镜与径向滤镜这两种与调整画笔几乎完全相同的工具，渐变滤镜主要针对一些大面积区域进行调整，径向滤镜则用于制作一些局部的光线等效果。

　　本例将介绍渐变滤镜的使用方法。原始照片（图 10-18）中的天空几乎没有色彩，灰蒙蒙的。如果使用调整画笔工具进行涂抹，那么天空的深浅会有差别，画面就会显得比较脏。但借助渐变滤镜对天空进行整体优化后，天空整体的色彩变得非常均匀，最终得到的画面效果非常理想，如图 10-19 所示。

图 10-18

图 10-19

在 Lightroom 中打开要处理的照片后，切换到镜头校正面板，选中"删除色差"和"启用配置文件校正"复选框，如图 10-20 所示。

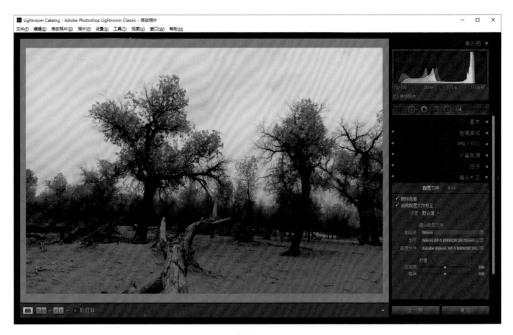

图 10-20

原照片存在明显的水平倾斜，因此在 Lightroom 中选择"裁剪工具"和"矫正工具"，沿着地平线拖出一条直线，松开鼠标后在画面上双击，就会实现对照片的水平校准，如图 10-21 所示。

图 10-21

　　单击照片右下方的"完成"按钮回到基本面板，单击"自动"按钮，软件会自动对画面的影调及色彩等进行适当的优化。

　　接下来根据实际情况对色彩及影调参数进行微调，可以看到，照片整体的影调及色彩都变得好看了很多，比较明显的问题在于天空部分没有色彩，如图 10-22 所示。

图 10-22

　　在工具栏中选择渐变滤镜。对于参数的调整主要在以下几个方面：降低曝光度，适当压暗天空；降低高光，追回亮部的一些层次；降低色温，让调整的部分向偏蓝方向发展。这样可以为天空部分渲染上蓝色。

接下来在天空与地面接合的部分由上向下拖出一个渐变的区域，如图 10-23 所示。可以看到出现了 3 条参考线，上方参考线之上的部分表示进行完全调整的区域，右侧的参数会对这一部分进行 100% 的调整；下方参考线之下的部分不会受到任何影响，是完全不进行调整的区域；而两条线之间的部分用于过渡调整与未调整的区域，如果没有过度，那么调整部分与未调整部分的接合就会非常生硬。

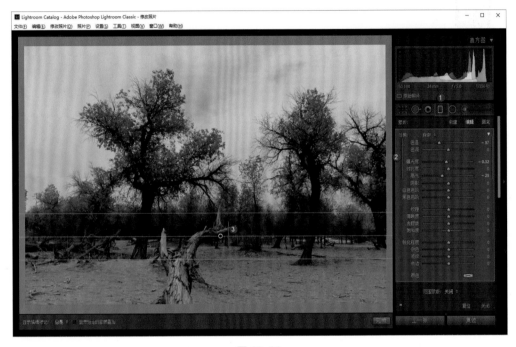

图 10-23

将鼠标移到这些参考线上，可以对参考线的位置进行上下移动，也可以对参考线的角度进行旋转。

此时观察照片，会发现存在一个明显的问题，天空虽然变蓝了，但与天空接合部分的树木也被渲染上蓝色，这显然不是我们想要的，因此需要进行修正。

具体调整时，可以使用 Lightroom 中的范围蒙版功能。这一功能可以只对局部边缘进行调整。本例中，可以限定只调整天空部分，对于地面的树木等部分不进行调整。下面来看具体的操作。首先确保使用的渐变滤镜处于激活状态，如果渐变滤镜没有被激活，那么将鼠标移动到滤镜标记上单击一下就可以了。在范围蒙版后的列表中选择"颜色"选项，如图 10-24 所示。

图 10-24

　　将鼠标移动到想要调整的天空部分，单击点住拖出一个线框，如图 10-25 所示，这表示要调整的颜色主要包含在虚线框内，地景的黄色树叶等显然没有包含在这个虚线框内，虚线框内的色彩几乎完全覆盖了整个天空部分的色彩。

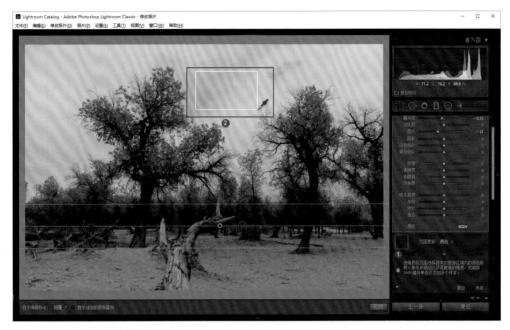

图 10-25

　　然后松开鼠标，经过色彩的定位，黄色的树叶部分被完全排除到了渐变滤镜调整的范围之外，可以看到效果是很明显的，如图 10-26 所示。

图 10-26

观察天空与树叶的接合部分，可以看到接合的边线有些生硬，如图 10-27 所示。

图 10-27

要解决调整与未调整接合部位过渡不够自然的问题，只要适当拖动下方的数量滑块就可以了。数量过小（如图 10-28 所示）或过大都不够理想，要左右拖动滑块并观察调整与未调整部分的边缘，找到一个过渡比较理想的位置，然后松开鼠标，如图 10-29 所示。这样就为天空部分建立了很好的渐变滤镜，而地景部分被排除在外，也就是说，只为天空渲染上了颜色。

TIPS

"范围蒙版"中的"颜色"是利用景物之间的颜色差别进行调整区域的限定，"明亮度"则可以通过景物之间的明暗差别进行调整区域的限定，这里就不再赘述了。

图 10-28

图 10-29

接下来回到基本面板，在其中适当地微调色温与色调的值，让画面的整体色彩变得更加协调。可以看到效果是比较理想的，如图 10-30 所示。

图 10-30

最后进入色调曲线面板，在其中建立一条弧度比较小的 S 形曲线，如图 10-31 所示，让画面变得更加通透。至此，照片的调整就完成了。

图 10-31

　　如果最终要输出照片，那么还要对照片进行锐化及降噪等处理，本例中只是展示了画面局部调整的完整操作过程，可以看到，使用渐变滤镜是非常方便的。

10.3 径向滤镜的应用实战

　　接下来介绍径向滤镜调整工具，该工具可用于制作一些局部的光效。

　　原始照片如图 10-32 所示，日落时分，斜阳照亮了角楼一侧的城墙以及角楼的右侧部分，虽然光线偏暖，但是色彩不够浓郁，天空的云层部分色彩更淡。后期处理时，对受光线照射的部分进行了适当的光效强化，这样斜阳比较温暖的色彩就出来了，画面的色彩表现力也更强了，如图 10-33所示。

图 10-32

图 10-33

　　针对这种局部光线的强化，如果使用调整画笔工具进行涂抹，很难涂抹出非常自然的光效。如果使用渐变滤镜，调整的是一个矩形的区域，想要制作出非常理想的光线效果比较麻烦，可能需要借助多个渐变滤镜。

　　使用径向滤镜，则可以非常快速地制作出完美的光效，调整画面的影调和色彩。

　　在 Lightroom 中打开原始照片，对照片进行镜头校正，如图 10-34 所示。

图 10-34

　　在基本面板单击"自动"按钮，如图 10-35 所示，由软件自动对照片的影调层次及细节进行优化。此时暗部被提亮，亮部被压暗，这样暗部与亮部的细节层次都比较丰富。虽然看起来不够通透，但后续还要进行局部的调整，当前的主要任务就是追回并丰富照片的细节。

图 10-35

　　接下来在工具栏中选择"径向滤镜"，然后按太阳光线的照射方向制作一个椭圆的调整区域，这样模拟光线的调整区就制作好了，如图 10-36 所示。

图 10-36

　　接下来设置参数。日出和日落时分，太阳光线中会包含黄色、红色及一定的洋红成分，因此要提高色温值和色调值，色温值提高的幅度大一些，然后提高饱和度的值，如图 10-37 所示。调整参数之后可以看到，夕阳斜照的光线效果出来了。这个制作过程虽然非常简单，但是完成的效果却非常理想。

图 10-37

　　整体观察照片时，会发现上方有一些云层的色彩感太弱，几乎是白色，这与画面整体不是特别协调。因此再次选择"径向滤镜"，单击标记点激活滤镜，适当放大画笔直径，在天空上方的一些云层上轻轻涂抹，为这些部分添加一定的暖色系效果，这样画面整体看起来就会更加真实，更加协调自然，如图 10-38 所示。最后单击"完成"按钮退出。

图 10-38

再次切换到色调曲线面板，微调 S 形曲线，让画面变得更加通透就可以了，如图 10-39 所示。

图 10-39

TIPS

　　如果画笔效果过于浓郁，或者制作的径向滤镜效果过于强烈，可以选择减去画笔，在相关位置涂抹，消除掉一些色彩即可。

11
CHAPTER

Lightroom
预设与拓展 ▾

　　某次外出，你拍摄了上百张照片，回家后经过筛选，最终保留下来 50 张感觉不错的照片。随后要对照片进行后期加工，凭借学到的数码后期知识，你用 5 分钟完成了对一张照片的处理。接下来，你是否要花费几个小时来完成对所有照片的后期处理呢？

　　对此，笔者想到了一句话：方法有时比知识更重要。

　　如果逐一对照片进行复杂的处理，是事倍功半的。可如果掌握了 Lightroom 照片处理的高级技法，那事情就变得非常简单了。借助预设、复制、批量处理等方法，可能只要十几分钟就能完成对所有照片的后期处理，并且在照片风格一致性方面，要远好于逐一修片的效果。

　　学习过 Lightroom 后期修片的核心技术后，本章将介绍常用的 Lightroom 高级技法，帮你极大地提高修片效率。

11.1 相机校准与预设

使用 Lightroom 预设，简化修片流程 ▶

后期修片时，用户对照片的处理往往是有一定规律可循的，大多都要对照片的明暗影调、色彩、锐度等进行优化，并且通常的选择是适当提高对比度、提高锐度、提高色彩饱和度。根据以上规律，Lightroom 将一些常见的处理思路和步骤整合在一起，作为预设集成到了预设功能模块中。打开一张未经处理的原始照片后，可以直接调用预设处理，然后查看照片效果。如果经过预设处理后的照片效果比较理想，就可以跳过手动调整的操作，高效完成修片过程。而如果使用预设后的照片出现问题，并不够理想，则可以在预设的基础上在右侧面板中微调参数，修复预设带来的瑕疵，这样的操作也能简化修片流程，提高修片效率。本例中，将使用图 11-1 所示的照片来介绍预设的操作方法。在修改照片界面的左侧面板中，可以看到预设子面板。

图 11-1

预设列表中有非常多的预设效果，笔者比较喜欢用的有面部常规预设中的锐化、自动调整色调、中对比度曲线等，颜色预设中则经常使用正片风格预设。对于一般的风光题材照片，通常使用正片风格预设再加上几种常规预设就可以了。针对图 11-1 所示的照片，可以先使用正片风格预设，模拟胶片的拍摄效果，让画面的对比度更理想，让色彩更浓郁；其次在常规预设中设定自动调整色调；最后使用锐化 - 风景预设。这样照片画面的效果就变得漂亮了很多，如图 11-2 所示。此时在右侧面板中可以看到，使用预设时，各种参数是会发生变化的。

图 11-2

　　需要说明的是，如果不想使用预设进行照片处理，那么在常规预设列表的中间位置有置零的选项，单击该选项即可将使用过的预设清除掉，将照片还原为未使用预设时的效果。

　　通过使用预设，虽然可以让照片效果变得远好于原始画面，但有时还不够。本例的照片在使用预设之后，色彩及影调仍然不够明快，这时在右侧的基本面板中可以手动调整一些参数，改善画面效果，如图 11-3 所示。

图 11-3

　　后期修片时，直接套用 Lightroom 内置的一些预设，初步得到相对较好的照片效果，然后再微调一些相关参数，得到最终的照片效果。在此过程中，预设的使用让修片流程得到了极大的简化。

　　在一些人像写真中，经常可以看到非主流色调的效果，如果要手动调出这种色彩，是比较麻烦的。Lightroom 中集成了一些特殊色调的效果，可以让人像照片变得更加个性化。在颜色预设中，可以通过选择古极线、跨进程和冷色调等预设，尝试让照片显示多种色调效果，从中挑选自己最满意的一种。图 11-4 显示了使用仿旧照片和冷色调两种预设的照片效果。

图 11-4

直接套用内置预设后的照片效果可能会有一些瑕疵，这时不要急着清除预设，可以在右侧的调整面板中对一些参数进行微调，让照片变得更漂亮。

手动制作并使用自己的预设 ▶

如果对预设的效果不满意，或者拍摄的照片并不适合使用 Lightroom 内置的预设，那么可以自己制作预设来进行高效的处理。笔者曾经在内蒙古锡林郭勒盟草原拍摄了大量照片，在对这组照片使用内置预设时，发现效果不够理想，总是在使用内置预设后还要进行多次微调，比较麻烦。因此笔者自制了一种预设，后面处理大量同类型的照片时使用了自制预设，可以一步到位地得到大量比较理想的照片效果，而不需要套用内置预设后再对照片进行微调，使修片的效率更高。

针对草原这组照片，打开后并没有使用任何内置的预设，而是直接对照片的白平衡、明暗影调、色彩等进行了合适的处理，原片及处理后的效果如图 11-5 所示。在右侧的面板中可以看到笔者对照片进行的大量调整。

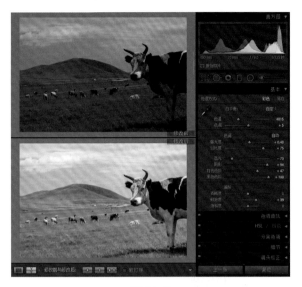

图 11-5

　　此时打开左侧的预设面板，在预设标题后面单击"新建预设"（即"+"）按钮，会弹出"新建修改预设"对话框，在该对话框中单击"全选"按钮，这样可以确保不会遗漏对照片所做的任何一项修改。然后单击"创建"按钮，在弹出的对话框中将自制预设命名为"达达线"，这样在预设面板的用户预设中就生成了名为"达达线"的自制预设，如图 11-6 所示。至此，针对这组草原照片的预设就建立好了。

图 11-6

　　这样，在对曝光、色彩等设定都相差不大的照片进行处理时，就不必再单独进行处理了，可以直接调用自制预设一步到位地完成后期操作。如图 11-7 所示，在底部的胶片窗口中选中要处理的同类型照片，工作区会以大图形式显示这张照片。

图 11-7

　　展开左侧的预设面板，在其中选择达达线预设，此时可以发现之前选中的原始照片已经被套用了自制预设，效果变得非常理想，整个过程非常快捷。最终的效果如图 11-8 所示。

图 11-8

　　自制预设可以帮助用户更加高效地处理大量同类型的照片，让后期修片工作变得轻松快乐。

导入多样的第三方预设 ▶

　　第三方预设是指有些独立摄影师、摄影工作室等将自己修片的一些操作保存下来，制作成预设文件共享到网络上，其他人可以下载后导入自己的 Lightroom 中，直接调用修片。

　　将下载的第三方预设导入 Lightroom 时，通常有以下两种方法。

方法 1：从软件外部导入

这种方法绕开了对 Lightroom 软件的操作，在软件外部就可以完成，下面来看具体操作过程。下载预设文件后解压，需要查看预设文件是否正确，预设文件的正确扩展名为".lrtemplate"，如图 11-9 所示。如果不是此扩展名，一般是无法使用的。

图 11-9

首先关闭 Lightroom 软件。找到刚下载并解压的预设文件，全选并复制这些文件，打开"C:\Users\Administrator\AppData\Roaming\Adobe\Lightroom\Develop Presets"文件夹，将刚复制的预设文件粘贴到此文件夹中。

在此需要注意以下两个问题。

（1）存储预设的文件夹路径中，"Users\Administrator"这两项并不是精确的名称，而是分别代指用户和用户名，也就是说，路径可能是"C:\ 用户 \ 用户名 \……"。

（2）在"Develop Presets"文件夹中，还可以新建子文件夹，用于存放导入的第三方预设。本例中就新建了一个名为"Good Presets"的文件夹，如图 11-10 所示。

图 11-10

将第三方预设粘贴到前面介绍的文件夹中之后，再打开 Lightroom 软件，此时在预设的列表中就可以发现刚才建立的"Good Presets"文件夹，以及导入的大量预设，如图 11-11 所示。在对照片进行后期处理时，就可以直接调用这些预设了。

图 11-11

方法2：从软件内部菜单导入

从Lightroom软件内部导入预设会简单很多。打开Lightroom后，在上方的菜单栏中单击"修改照片"按钮，在下拉菜单中选择"新建预设文件夹"选项，然后在弹出的"新建文件夹"对话框中输入用来保存导入预设的文件夹名字，这里依然命名为"Good Presets"，最后单击"创建"按钮完成文件夹的创建，如图11-12所示。

图11-12

在左侧的预设面板中，可以看到之前新建的"Good Presets"文件夹。右击该文件夹名，在弹出的快捷菜单中选择"导入"选项，会弹出"导入'预设'"界面，在该界面中找到提前下载好的预设文件，按【Ctrl+A】组合键全选这些预设文件，然后单击"导入"按钮，如图11-13所示。

图11-13

这样就可以直接将预设导入了。利用这种方法导入第三方预设，最终效果与从外部导入是一样的。

11.2 Lightroom 后期拓展应用

使用图库模块的"快速修改照片"面板 ▶

正常情况下，我们会在 Lightroom 的图库界面浏览、标记、管理和检索照片，实现对照片的管理等工作；在修改照片界面中，可以对照片进行多样化的后期处理。但其实在图库界面中，也可以快速地对照片进行一些简单的处理。在图库界面的右侧面板中，可以看到快速修改照片的子面板，从名称就可以知道，此面板的重点在于对照片处理的快速性。单击标题右侧的三角图标，展开该面板，其中有存储的预设、白平衡和色调控制 3 组调整项，如图 11-14 所示。

图 11-14

对于一般的照片来说，进行简单的白平衡和色调处理，就能达到很好的效果了，预设的存在是为了加快修片的速度。

一般情况下，笔者很少使用这个面板对照片进行快速处理，最主要的原因是参数调整的方式不是拖动滑块，而是需要多次单击一些方向按钮。这样处理照片的效果往往不够直观，并且无法看到具体的参数值，即便这些调整用的方向按钮设定了两档速度，但依然令人感觉不方便。

借助快速修改照片面板，可以在浏览照片的同时就快速完成一些照片的处理工作，但笔者依然不推荐过多使用该面板，只偶尔将其作为补充使用即可。例如，对图 11-14 所示的照片使用了内置预设，并对白平衡、曝光度、对比度、高光、阴影等参数进行了微调之后，照片效果如图 11-15 所示。

图 11-15

但观察图 11-15 所示图片右侧的快速修改照片面板，根本无法看出进行过任何处理。如果要对修片效果进行纠正就比较麻烦，因为无法知道曾经对哪项参数进行过什么样的处理，校正工作也就无从谈起了，这是极为不方便的。

把处理操作应用到其他照片 ▶

利用预设，可以将对一张照片的处理操作保存下来，在处理其他同类照片时直接套用保存的预设，快速完成对照片的处理。这中间有个步骤是必不可少的，那就是将处理操作保存为预设。如果只是对几张照片进行这种快速处理，提前制作预设就有点小题大做了，在这种情况下使用复制功能会更合适一些。所谓的复制功能，就是将对一张照片进行的处理操作快速套用到其他的少量照片上，以完成快速处理。该功能虽然与预设类似，却省略了手动制作预设的环节。

来看具体的实例。如图 11-16 所示，图中显示了对原图进行处理后的效果对比，右侧面板中则显示了调整过的参数。此时，先单击左侧面板中的"复制"按钮。

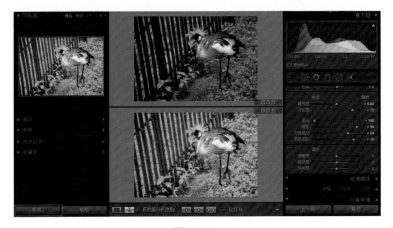

图 11-16

单击"复制"按钮后，会弹出"复制设置"界面，如图 11-17 所示。是不是感觉这个界面很熟悉？在制作预设时曾经出现类似的界面，建议此处仍然全选所有复选框，然后单击"复制"按钮，完成复制操作。

图 11-17

接下来返回图库界面，以网格方式显示照片（或者在修改照片界面按【G】键直接切换到图库的以网格显示照片状态）。单击要处理的照片，在菜单中选择"修改照片设置"选项，再在打开的子菜单中选择"粘贴设置"选项，这样就可以将对之前照片的修改直接应用到此处选择的照片上了，如图 11-18 所示。

图 11-18

将对之前照片的处理操作应用到当前照片上后，当前照片前后的变化效果如图 11-19 所示。

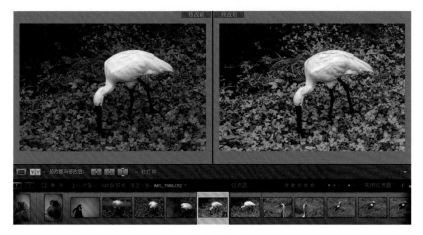

图 11-19

应用快照：记录操作 / 备份多种修片效果 ▶

照片的后期处理，本身也是一次艺术性的创作过程，对同一照片的后期处理可以有多种效果，并且每种效果可能都很棒。怎么办呢？最笨的解决方案是将各种效果都保存一次。但这种处理方式的问题在于会占用更多的磁盘空间，并且过多的照片会让图库管理更费时费力。使用 Lightroom 的快照功能则可以非常完美地解决这一问题，下面通过一个具体的例子来介绍 Lightroom 快照功能的原理及使用技巧。

图 11-20 是处理好的一张荷花照片，也就是说，此时照片的明暗影调、色彩及构图等已经非常令人满意了。不要着急输出并保存照片，先在左侧面板中单击快照标题右侧的"创建快照"（"+"）按钮，在弹出的"新建快照"对话框中为新建的快照取名为"first"，然后单击"创建"按钮。

图 11-20

创建完快照之后，可以继续对照片进行处理，以获得其他效果。一般情况下，弱光下的荷花可以略微带一点蓝色调，这样画面会有一种清幽之美。因此，可以将白平衡模式改为荧光灯（很多时候都可以将荷花照片的白平衡模式改为荧光灯），这时画面被渲染上了明显的蓝色调。可以再次单击左侧快照标题栏右侧的"+"按钮，再创建一个快照，名为"WB-CH"，如图 11-21 所示。

图 11-21

现在想为这张照片做一个圆形的边框，适当弱化一下周边的背景，并突出主体荷花。因此，在右侧的效果面板中给照片制作一个明显的椭圆形暗角（之前已经介绍过该知识点，这里就不再赘述了），如图 11-22 所示。制作好暗角之后，建立名为"border"的快照。

图 11-22

此时，在左侧的快照面板中可以发现 border、first 和 WB-CH 3 个快照，分别单击这 3 个快照，你会发现每个快照都记录下了当时照片处理的状态。假设现在想要将蓝调效果的荷花上传到网上，就可以先选中 WB-CH 快照对应的照片状态，将照片导出，然后上传到网上就可以了。也可以随时根据实际需要，将另外两个快照对应的照片状态导出使用。

快照的优势在于可以不必保存多种照片效果，而只是在 Lightroom 的数据库中保存照片的某种状态，这样既不会多占磁盘空间，对照片的管理也非常方便。强烈建议多尝试使用该功能。

一次性处理多张照片 ▶

之前介绍的利用 Lightroom 进行照片处理，都是针对单独的某张照片进行的。即便需要快速处理大量照片，往往也需要将单独的照片处理好之后，再利用预设或复制功能进行多照片的处理。

其实 Lightroom 是具备多照片同时处理功能的。在图 11-23 显示的图库界面，在底部的照片浏览窗格中，按住【Ctrl】键选择多张需要同时处理的照片，会看到选中的照片已经呈现高亮显示。

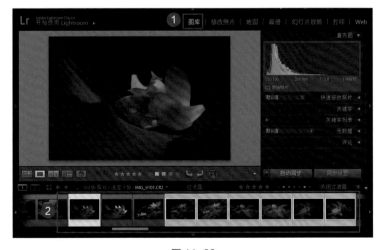

图 11-23

切换到修改照片界面，在右侧面板的底部，　会发现如图 11-24 左上图所示的那样，同步按钮左侧的滑块是位于下方（关闭状态）的。
单击滑块上方的黑色区域，将滑块移到上方，
此时同步按钮变为自动同步，如11-24右下
图所示。

图 11-24

　　按钮变为自动同步之后，就可以对照片进行处理了。在基本、色调曲线、HSL、细节等选项卡内对照片进行处理，在处理过程中，会从底部的照片浏览窗格中看到选中的所有照片同时发生了变化。也就是说，实现了对多张照片的一次性后期处理，如图11-25所示。

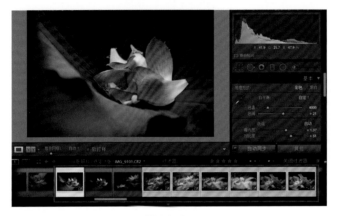

图 11-25

使用软打样预览印刷效果 ▶

　　如图11-26所示，照片显示窗口的下方有一个"软打样"复选框，那么这个复选框到底有什么作用呢？这里先不讲，先来看一个例子。

图 11-26

　　打开这张荷花照片后，在直方图中单击右上角的"显示高光裁切"按钮，此时照片中会以大红色（如果原照片是大红色的，那么会以白色显示）显示出损失的高光细节，如图 11-27 所示。也就是说，红色标记的部分已经损失了高光细节，从显示屏上看起来也是近乎死白一片。

图 11-27

　　接下来，在照片显示窗口下方选中"软打样"复选框，此时照片的显示状态发生了变化，出现了白色的边框，并且直方图的左上角和右上角的图标按钮都发生了变化。单击右上角的"显示目标色域"按钮，会发现照片中标记的损失高光细节的区域明显变大了，如图 11-28 所示。

图 11-28

　　为什么会这样呢？因为图 11-27 显示的高光损失是指从电脑显示器上看到的丢失的细节，而软打样状态下丢失的高光细节是指在冲洗或是印刷照片时丢失的细节。之所以在印刷时丢失的细节更多一些，是因为印刷的过程是要对原照片进行抽样处理的，在抽样印刷的过程中，还要丢失大量的细节，这样就会造成原本就有像素损失的高光部位丢失更多细节。

　　从这个角度来看，如果照片有印刷需求，那么一定要注意对高光与暗部细节的控制。不要将对比度提到最高，否则印刷出来的照片会丢失大量细节，出现更多瑕疵。

　　另外，在直方图下方的配置文件后的下拉列表中选择 Adobe RGB 是针对印刷的设定，如果选择 sRGB 则可以预览将照片上传到网络时的色彩效果。

12

Lightroom 与
Photoshop 的协作技术 ▾

Lightroom 缺少图层、蒙版、滤镜等功能，这显然不能满足深度后期处理的要求。例如，想要让照片中人物的身材变得修长，想要对照片进行合成……这类后期需求就只能通过 Photoshop 来实现。

Lightroom 与 Photoshop 都是 Adobe 旗下的软件，将照片在两者之间进行快速的来回传输，可以满足全方位的后期修片需求。

12.1 从 Lightroom 到 Photoshop

Lightroom 中的色彩空间与位深度的设定 ▶

相比 Lightroom，Photoshop 在数码照片后期的深度处理方面更具优势。例如，可以在 Photoshop 中借助图层对照片进行一些局部的编辑和处理，也可以对照片进行合成，还可以使用更加丰富的滤镜制作照片特效等。所以，很多时候需要将在 Lightroom 中进行过初步处理的照片直接导入 Photoshop，进行下一步的处理。照片的导入非常简单，主要的问题是将照片从 Lightroom 导入 Photoshop 之前要做好系统的配置。

如图 12-1 所示，在 Lightroom 工作界面单击"编辑"菜单，在下拉菜单中选择"首选项"选项，打开"首选项"对话框，切换到"外部编辑"选项卡。

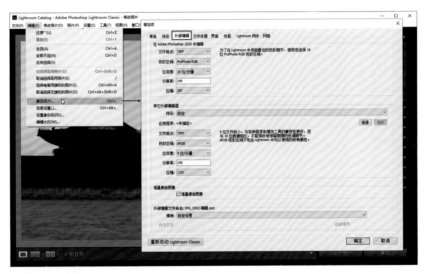

图 12-1

在该选项卡中，文件格式有 TIFF 和 PSD 两个选项，其中 PSD 是 Photoshop 专用格式，这种格式可以存储 Photoshop 中所有的图层、通道、参考线、注解和颜色模式等信息，因此占用空间比较大，在进行处理时，数据的更新和运行都比较慢。TIFF 格式也可以存储图层、通道等非常多的照片信息，并且在通用性方面，TIFF 格式要远胜于 PSD 格式。所以文件格式建议设定为默认的 TIFF 格式即可。

色彩空间和位深度是非常关键的两个选项。

之前很长一段时间，如果对照片有冲洗和印刷等需求，都是将后期软件的色彩空间设定为

Adobe RGB 后再对照片进行处理，因为其色域比较大；如果仅是在个人电脑及网络上使用照片，那么设定为 sRGB 就足够了。当前，在 Lightroom 与 Photoshop 之间传输和处理文件时，上述简单明了的规律已经不再适用了。随着技术的发展，当前较新型的数码单反相机及计算机等数码设备都支持一种之前没有介绍过的色彩空间——ProPhoto RGB。ProPhoto RGB 是一种色域非常宽的工作空间，比 Adobe RGB 宽得多。

　　数码单反相机拍摄的 RAW 格式文件并不是一种照片格式，而是一种原始数据，包含了非常庞大的颜色信息，如果在后期工作中将色彩空间设定为 Adobe RGB，是无法容纳 RAW 格式文件庞大的颜色信息的，会损失一定量的颜色信息。而使用 ProPhoto RGB 则不会，为什么呢？图 12-2 展示了多种色彩空间的示意图：可将背景的马蹄形色彩空间视为理想的色彩空间，该色域之外的白色为不可见区域；Adobe RGB 色彩空间虽然大于 sRGB，但依然远小于马蹄形色彩空间；与理想色彩空间最为接近的便是 ProPhoto RGB 了，足够容纳 RAW 格式文件所包含的颜色信息。将后期软件设定为这种色彩空间，再导入 RAW 格式文件，就不会损失颜色信息了。

　　也就是说，Adobe RGB 色彩空间还是太小，不足以容纳 RAW 格式文件所包含的颜色信息，ProPhoto RGB 才可以。

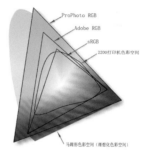

图 12-2

　　RAW 格式文件之所以能够包含极为庞大的原始数据，与其采用了 16 位深度的数据存储方式密切相关。8 位的数据存储方式，每个颜色通道只有 256 种色阶，而 16 位文件的每个颜色通道有数千种色阶，这样才能容纳更为庞大的颜色信息。所以，在此将色彩空间设定为 ProPhoto RGB 后，只有同时将位深度设定为 16 位，才能让两种设定互相搭配，相得益彰，而设定为 8 位是没有意义的。

　　可能有些书籍中推荐做 ProPhoto RGB+8 位深度的设定，这是错误的。

　　关于色彩空间和位深度，有以下 5 个问题需要注意。

　　（1）相机菜单中有 sRGB 和 Adobe RGB 色彩空间的设定，那对 RAW 格式文件没有影响，只会对拍摄的 JPEG 格式照片产生影响。

　　（2）在 Lightroom 首选项中设定 ProPhoto RGB 色彩空间的意思是，照片将在该色彩空间内进行处理，而不是照片自身的色彩空间转为了 ProPhoto RGB。

　　（3）将位深度设定为 16 位后，文件所占的磁盘空间会增大，并且在导入 Photoshop 之后，有一些滤镜功能是无法使用的。因为 Photoshop 中的许多滤镜只支持 8 位深度的照片。

　　（4）此处的设定组合并不是绝对的，如果一定要设定 Adobe RGB+8 位也没有关系，只要在后面的 Photoshop 中设定好对应的色彩空间就可以了。

（5）ProPhoto RGB 色 彩 空 间 +16 位
的位深度设定，是处理 RAW 格式文件的最佳
选择，对于 JPEG 文件则不是这样的。如果在
Lightroom 中要处理的照片是 JPEG 格式，
直接设定为 sRGB+8 位的参数就可以了。图
12-3 上面的设定是 RAW 格式文件的最佳设定，
下面是 JPEG 照片的最佳设定。

图 12-3

至于分辨率和压缩这两项的设定则无关紧要，采用默认设定即可。一般情况下是不会用到这两
个选项的。

Photoshop 中的对应设置 ▶

在 Lightroom 的"外部编辑"选项卡中，将色彩空间设定为 ProPhoto RGB，表示 Lightroom
要求用于 RAW 格式文件外部编辑的软件的色彩空间最好也是 ProPhoto RGB，所以先打开
Photoshop，将其工作色彩空间设定为 ProPhoto RGB。这样，Lightroom 与 Photoshop 的色
彩空间就非常完美地对应了起来，文件从 Lightroom 传输到 Photoshop 时，就不会再出现颜色
信息等损失了。

具体操作是，单击 Photoshop 的"编辑"菜单，在弹出的下拉菜单中选择"颜色设置"选项，
打开"颜色设置"对话框。在该对话框中，主要有 3 个地方需要单独设置。在"工作空间"的第一
个项目中，将 RGB 后面下拉列表中的色彩空间设定为"ProPhoto RGB"；然后在下面的"色彩
管理方案"区域将 RGB 设定为"保留嵌入的配置文件"；最后，选中底部的 3 个复选框，其他保
持默认设置即可，如图 12-4 所示。

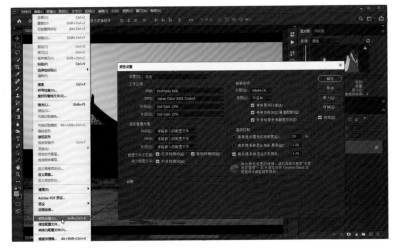

图 12-4

这里有以下 3 点需要说明。

（1）选中底部的 3 个复选框：导入照片有问题时，选中这些复选框可以及时出现系统的提醒。

（2）设置 ProPhoto RGB 色彩空间：在 Photoshop 中进行该项设定，确保与 Lightroom 的色彩空间对应起来。如果 Lightroom 要求的外部编辑软件的色彩空间与 Photoshop 软件的色彩空间设置不对应，那么在 Photoshop 中打开的照片颜色极有可能出现较大问题。例如，在 Lightroom 中设定外部编辑软件的色彩空间为 ProPhoto RGB，但 Photoshop 却设定了 sRGB，那么将图片 IMG_0102.CR2 从 Lightroom 传输到 Photoshop 时，就会出现如图 12-5 所示的警示框（在该警示框中，只有选中第一个单选按钮时，照片才不会偏色；选中另外两个单选按钮，都会出现照片偏色的问题，因为那会改变照片自身的色彩空间）。

图 12-5

（3）保留嵌入的配置文件：将照片导入 Photoshop 时，保留照片自身的色彩空间。一般情况下，针对 JPEG 等自身色彩空间为 sRGB 的照片，在导入设定为 ProPhoto RGB 色彩空间的 Photoshop 时，要保留照片本身的 sRGB 色彩空间。如果不保留嵌入的配置文件，那么导入照片时，软件会为照片强行套用 ProPhoto RGB 色彩空间，这样可能会出现较大的色彩偏差。

将照片发送到 Photoshop ▶

将 Lightroom 和 Photoshop 都设定好之后，就可以在这两款软件之间传输照片文件了。将照片文件从 Lightroom 导入 Photoshop 的操作是非常简单的，只要在工作区显示的照片上右击，就会弹出快捷菜单，在快捷菜单中选择"在应用程序中编辑"选项，然后在子菜单中选择"在 Adobe Photoshop 2020 中编辑"选项，这样就可以将在 Lightroom 中编辑的照片传输到 Photoshop 了，如图 12-6 所示。

图 12-6

如果此时没有启动 Photoshop，那么系统会自动启动，并将 Lightroom 中的照片在 Photoshop 中打开。另外，正常情况下，除 Photoshop 之外，不建议将照片导入其他应用程序中进行编辑。

跳出 Photoshop，返回 Lightroom ▶

将照片从 Lightroom 传输到 Photoshop，可以进行正常的处理，对于处理后的照片，一旦关闭，就会发现又自动跳转回了 Lightroom。在 Lightroom 底部的浏览窗格中，可以看到增加了经过 Photoshop 处理后的照片。如图 12-7 所示，将原图传输到 Photoshop 中，进行处理之后关闭，这样照片就会自动返回 Lightroom，并生成一个新的照片图标。需要注意的是，这些处理效果仅仅是在 Lightroom 的数据库中存在，在磁盘空间中并没有处理后的照片存在。如果想要获取处理后的实际照片，则需要将照片导出。

图 12-7

在使用 Photoshop 对 Lightroom 传输过来的 RAW 格式文件进行处理后，虽然能够在 Photoshop 中直接将照片保存为 JPEG 格式，但问题却非常明显。导出配置文件为 ProPhoto RGB 的 JPEG 照片，从计算机上看色彩依然保真，但如果上传到网络上，色彩就会严重失真；导出配置文件为 sRGB 的 JPEG 照片，在计算机上就可以看到色彩的失真是非常严重的。但从 Lightroom 导入 Photoshop 的 JPEG 格式照片就不存在这个问题了。

所以，对于 RAW 格式文件来说，如果是从 Lightroom 导入 Photoshop 的，那么最好是返回 Lightroom 后再导出照片。这样在导出 sRGB 色彩空间的 JPEG 照片时，就不会有色彩失真的问题了。

12.2 后期效果的预览与输出

查看后期处理前 / 后效果 ▶

在 Lightroom 中对照片进行处理，可以利用前后的效果对比来判断后期处理的效果是否理想，这点是非常简单的，前面已经无数次使用过了。图 12-8 显示的是左右对比，左侧为原始照片，右侧为最终的照片效果。当然，还可以设定对一张照片进行拆分，进行左右或上下的对比。

图 12-8

本例中，我们的目的是介绍多种对比效果的设定，而不是仅对比原始照片与最后的处理效果。以本例来说，我们想要对比某个中间步骤画面与最终的照片效果。首先设定以左右结构来对比，对照片进行初步的处理之后，单击"复制修改后设置到修改前的设置"按钮，这样中间步骤的画面就变为修改前了，如图 12-9 所示。此时，左右显示的都是中间环节的画面。

图 12-9

继续对照片进行处理，处理完成后，会发现左侧显示的依旧不是原始照片的效果，而是中间处理环节的画面，而右侧则是照片的最终效果，如图 12-10 所示。这样就可以显示中间处理环节与最终照片的对比效果了。

图 12-10

照片的保存与输出 ▶

在 Lightroom 中对照片进行处理之后，如果对照片比较满意了，就可以考虑输出照片。在软件界面左上角单击"文件"菜单，在打开的下拉菜单中选择"导出"选项，会弹出"导出一个文件"对话框，如图 12-11 所示。首先要选择将照片导出到哪个位置，如果不是直接刻录光盘或直接发送电子邮件，则应该采用默认的导出到硬盘，即将处理过的照片导出为实际的照片到硬盘上。接下来，要设置导出的照片存储的位置。在文件夹选项后面单击"选择"按钮，可以设定存储照片的位置，本例中设定将输出的照片存储到 E 盘中的"新整理"文件夹中。如果在保存位置下方选中"存储到子文件夹"复选框，那么会在选择的"新整理"文件夹中自动再新建一个子文件夹，默认的名字为"未命名导出"，也可以自行为这个子文件夹命名。

接下来要设置导出照片文件的格式，大多数情况下，无论在 Lightroom 处理的文件是 RAW 格式还是 JPEG 格式，都建议此处导出照片的文件格式为 JPEG，这种文件格式具有很强的通用性，能够在绝大多数的数码设备上浏览和查看，并且可以确保有较为明快的色彩表现力。至于色彩空间，应该设定为默认的 sRGB，这种色彩空间的兼容性和可视效果是目前最强的。

在设置导出照片的文件名时，如果不进行任何设定，那么会自动以原文件名存储。但不建议这样做，否则可能会与 Lightroom 内的原始文件产生数据上的冲突。为了与原文件进行区别，可以选中"重命名为"复选框，然后在下拉列表中选择一种文件的命名方式。本例中选择了"自定名称 – 序列编号"这种命名方式，然后在自定文本中输入想为照片取的名字，这里命名为"ZWY"，后面的编号是自动添加的（默认的起始编号是 1，当然也可以自定义起始编号）。综合的设定情况如图 12-12 所示。

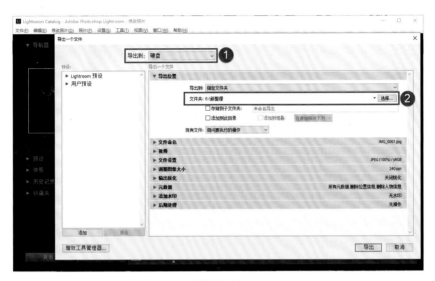

图 12-11

接下来比较重要的选项还有调整图像大小。在输出照片时，应该根据自己的需求进行设定。例如，想要将输出的照片上传到 QQ 空间，因为是网络上传，所以通常要对照片尺寸进行压缩，选中"调整大小以适合"复选框，然后选择"长边"，将长边的像素设定为"1000"，这样系统会根据原照片的长宽比自动设定短边。如果照片的长宽比是 3:2，那么短边会自动压缩为 667 像素，这样就可以获得 1000×667 像素的新照片了。此处如果不选中"调整大小以适合"复选框，就会保持原照片的尺寸输出。通常情况下，"输出锐化"这一选项是不需要设定的，但有时为了获得更好的锐度，也可以选中"锐化对象"复选框，让照片在输出时进行再次锐化，如图 12-13 所示。

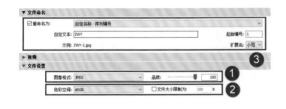

图 12-12

图 12-13

许多用户并不想让其他人查看自己所拍摄照片的光圈值、快门值、焦距等参数，那么在元数据面板中只要不选择包含"所有元数据"就可以了。但通常情况下，并不建议这样做，毕竟元数据信息并不是极重要的隐私信息，所以此处建议设定包含所有元数据信息，如图 12-14 所示。并且，在输出的照片中设定包含所有元数据信息，还会方便以后对这些输出的信息进行检索和标记等。

图 12-14

至此，关于照片输出的大部分重要设定就做完了，还有一些更为全面的细节设定在"照片导出"对话框中，可以进行逐项设定，这里就不再赘述了。

向图像添加水印 ▶

在照片上添加水印，是摄影师对自己摄影作品版权的另一种声明方式，可以起到版权保护的作用。此外，一些带有联系方式的水印还可以起到商业宣传和推广的作用。虽然本节要介绍 Lightroom 中非常强大的水印制作及添加功能，但仍然不建议轻易给照片添加水印。因为水印的出现会在一定程度上对照片的画质产生破坏，对于网络分享的小尺寸照片，水印对画质的破坏作用极为明显。

如图 12-15 所示，在"照片导出"对话框的右下角打开"添加水印"面板，选中"水印"复选框，并在其后的下拉列表中选择"编辑水印"选项，就可以进入水印的制作和处理界面了。这里演示最简单的水印添加，在左下角输入水印的文字内容，在右侧的水印效果中可以设定文字的不透明度、大小、位置等。对于文字的位置，除在界面下方直接通过点选 9 个圆点进行大致定位之外，还可以通过拖动滑块对文字的位置进行微调。

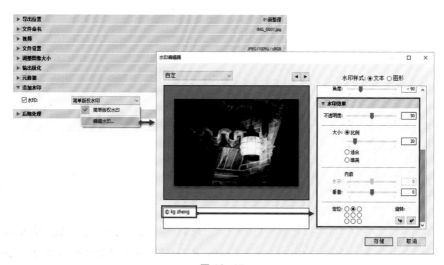

图 12-15

对于文字的字体、颜色等，在上方的文字选项中可以进行详细设置，图 12-16 中将水印文字的字体设定为"Vladimir Script"，颜色则设定为"棕色"，并适当对文字的阴影、角度等进行微调。

图 12-16

　　对于文本型的水印设置是非常简单的，下面介绍难度稍大一些的图形类水印的制作和添加。首先要在水印制作界面的右上角选中"图形"按钮，然后在"图像选项"中单击"选择"按钮，在弹出的对话框中选择想要使用的水印图形，最后单击"选择"按钮，即可将图形水印添加到照片上，如图 12-17 所示。

图 12-17

　　此时水印就被添加到了照片画面中，接下来确定水印的大小、位置，然后微调水印的位置，直到自己满意为止，如图 12-18 所示。

　　水印制作并添加完成之后，单击"存储"按钮，会弹出"新建预设"对话框，在其中为新建的这个图形水印取一个名字，然后单击"创建"按钮，这样水印就会被保存到 Lightroom 软件中了，如图 12-19 所示。以后再对其他照片添加水印时，就可以直接调用这个水印，并继续对这个添加的水印进行位置等方面的微调。

图 12-18

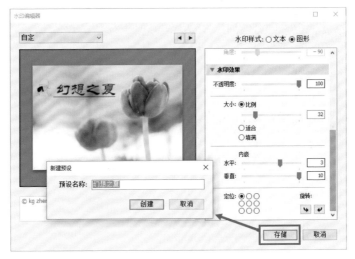

图 12-19

图形水印的制作技巧 ▶

图形水印与文本型水印不同，大多需要在 Photoshop 中进行单独的制作。一般的 JPEG 格式图片是不能作为图形水印使用的，因为这类图片会有默认的白色背景填充，这会遮挡住原照片的像素。

一般情况下，应该使用 PNG 格式照片作为水印图形。PNG 格式使彩色图像的边缘能与所有背景融合，从而彻底地消除锯齿边缘，这种功能是 JPEG 格式没有的。例如图 12-20 中的图形水印，左侧的图形是透明的，不会遮挡原照片的像素，而 JPEG 等格式是无法做到这点的。制作图 12-20 中人物头像这种水印图形时，需要在 Photoshop 中将头像作为单独的图层，最终保存照片时，保存为 PNG 格式。

图 12-20

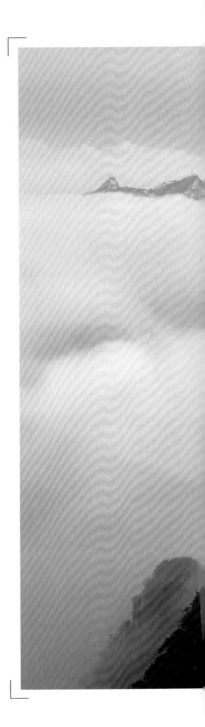

13
CHAPTER

二次构图实战 ▾

二次构图看似简单，实则很难。谁都会裁剪照片，但大部分人却裁不好照片，因为裁剪也是二次创作的过程。

我们总是希望自己拍摄的照片都有完美的构图，这样才能创作出能够称为"摄影作品"的照片。但即便是顶级的摄影师，也不敢说自己在前期就一定能够让拍摄的照片有最理想的构图。可能是因为无法到达最佳的拍摄位置，也可能是因为镜头的限制或瞬间时机的把握问题，从而错失理想构图的机会。那么，弥补遗憾的唯一办法就是后期裁剪了。

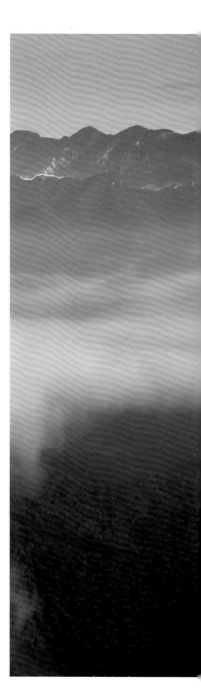

后期裁剪照片时，要对照片的元素进行适当的取舍，对不够突出的主体景物进行强化，让经过后期补救的照片变得精彩起来。在后期软件中对照片进行裁剪的处理，通常被称为"二次构图"。

大多数情况下，二次构图可以分为两种情况：第一种，前期拍摄的照片不够理想，可以通过二次构图让照片变得精彩起来，这是一种不得不进行的后期裁剪；第二种，拍的照片已经非常棒了，但在欣赏某些照片时，发现如果转换视角，重点表现画面中的某些局部，或者某些单独的对象，也有很好的效果，那就可以通过裁剪来实现这种突如其来的灵感，这种二次构图不是必须进行的操作，更大程度上是一种选择的技巧和创意的体现。

本章将对二次构图所使用的裁剪工具、二次构图的技巧，以及二次构图失败的原因等进行分析，以分享更多的二次构图知识。

13.1 裁剪工具的使用

不同比例的设计与裁剪 ▶

当前主流数码单反相机拍摄照片的宽高比多为 2:3，如佳能、尼康、索尼等；奥林巴斯相机与松下等高端数码机型拍摄的照片画幅比例则为 4:3；而更为高端的大画幅和中画幅机型还有 1:1、6:7 等特殊的宽高比。在进行二次构图的裁剪时，Lightroom 根据常见摄影器材所拍摄照片的比例，以及我们日常接触到的影像器材的显示屏宽高比等，提供了 1:1、4:5、5:7、2:3、4:3、16:9 等多种裁剪比例，设定不同的比例值后，即可裁剪出该画幅比例的照片，模拟出相应器材拍摄的照片效果。图 13-1 所示为使用裁剪工具设定 1:1 的裁剪比例对照片进行裁剪的操作，如果要设定其他裁剪比例，进行相似操作就可以了。

大部分裁剪比例非常明确，直接使用即可，需要稍微注意的是"原照设置""自定"和"输入自定值"这 3 项。

（1）选择"原照设置"选项，裁剪的比例会与原始照片一致，如果原照是 3:2，那么裁剪后的画幅比例也是 3:2；原照是 4:3，那么裁剪后照片的比例也是 4:3。

（2）选择"自定"选项，裁剪时可以随意拖动，完全不必在意照片的比例问题，可以拖动出任意比例的画面效果。

（3）"输入自定值"选项可能不经常使用，但却非常重要，比如要将一张照片裁剪后用作公众号的封面图片，就需要将照片裁剪为 9:5 的比例，而预设的列表中没有这个比例值，随意拖动更是不准确。这时使用"输入自定值"命令就比较方便了。选择该选项后，会弹出一个设定裁剪比例的对话框，在该对话框中输入你需要的比值就可以了。

用裁剪参考线精准构图 ▶

二次构图更多凭借的是眼睛的观察和自我感觉，并不是特别精准。例如，要将一张照片裁剪为标准的黄金构图，将主体置于黄金构图点上，那么黄金构图点在哪里呢？恐怕只能估计大体的位置，并不准确。

在进行二次构图时，Lightroom 提供了常用的参考标准，帮助用户实现精准的二次构图。即软件提供了标准的裁剪参考线，标出了黄金构图点的位置、黄金螺旋的中心位置、三分法构图的参考线等。这样在裁剪时，就可以依照参考线，将主体精确地放在对应的位置。

在 Lightroom 中，裁剪的叠加（指裁剪的构图参考线是叠加显示在原照片上的）方式有三分构图裁剪、黄金构图裁剪、黄金螺旋裁剪、对角线构图裁剪等。选择裁剪叠加工具后，设定合适的裁剪比例，在"工具"菜单的"裁剪参考线叠加"子菜单中，可以选择不同的构图参考线，帮助完成精准的二次构图，具体操作如图 13-2 所示。

图 13-1

图 13-2

1. 三分法则

这种裁剪构图类似于中国古代的八卦九宫图，横竖三等分，形成 9 个方块，其中 4 个交叉点就是视觉中心点，裁剪构图的时候，把主体放在交叉点上。

具体操作过程是，先选择裁剪工具，本例中设定裁剪时保持原有照片比例不变，即设定"原照设置"，然后在"工具"菜单的"裁剪参考线叠加"子菜单中，选择"三分法则"选项。在画面中拖动边线设置裁剪区域，让主体位于三分线的交叉点或两个交叉点之间的线段上即可。主体位于左右两侧均可，可以根据具体的画面合理安排。构图到位之后，单击图片右下方的"完成"按钮，或者在保留的裁剪区域双击，即可完成二次构图，如图 13-3 所示。

图 13-3

TIPS

　　同样是本照片，同样是采用三分法则的二次构图，但图 13-4 所示的裁剪，右下方边线因为受到较亮的光斑干扰，让画面整体显得不太干净，所以还应该向内裁剪一些，把干扰元素裁掉。

图 13-4

2. 对角线

　　对角线构图的形式，并不是严格限定景物必须沿对角线准确分布。例如，在人像摄影中，人物的摆姿可能是多样化的，如图 13-5 所示的画面，人物席地而坐，裁剪后从头部到伸开的腿部，呈现出对角走向的线条，虽然并不精确，但符合对角线裁剪的思路。

图 13-5

3. 三角形

　　与对角线裁剪构图类似，三角形裁剪构图也是对传统构图观念的一种颠覆。在传统印象中，人物采取抱膝的蹲姿，呈现出三角形的轮廓，才被称为三角形构图；或者一些类似于山峰等自身形状为三角形的照片，才被称为三角形构图。但三角形裁剪构图却不是这样，从图 13-6 所示的裁剪叠加线以及人物身形线条的分布来看，可以发现这种三角形裁剪构图与 S 形构图有些相似。

图 13-6

4. 黄金分割

　　所谓黄金比例是一种视觉效果的美学比例，与三分（九宫格构图）法类似，其实九宫格构图法就是简化的黄金比例构图法。图 13-7 所示的四个交叉点就是黄金比例点，也就是图片的焦点和视觉中心。黄金分割就是将主体景物安排在这些交叉点上，或者放在分界线上即可。

图 13-7

5. 黄金螺线

1，1，2，3，5，8，13…这组数值有什么特点？答案是，第3个数值之后，任意一个数值都等于前面两个数值的和，越往后排列，相近两个数的比值越接近黄金比例0.618。这组数值被称为斐波那契数列，根据这组数值画出来的螺旋曲线被称为黄金螺线，这是自然界中最完美的经典黄金比例。

黄金螺线的画法：多个以斐波那契数为边的正方形拼成一个长方形，然后在每个正方形里面画一个90度的扇形，连接起来的弧线就是斐波那契螺旋线，如图13-8所示。

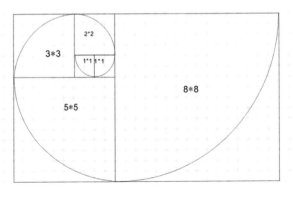

图 13-8

裁剪时，将主体置于螺旋线末端的位置，画面的视觉效果会比较好，主体也足够醒目。如果裁剪时发现螺旋的末端并不是想要的位置，那么只要在"设置裁剪工具的叠加选项"下拉菜单的最底部选择"切换网格叠加方向"菜单命令（或者直接按【Shift+O】组合键），即可改变螺旋线的走向，多次循环后即可确保末端落在想要的主体位置上，演示的效果如图13-9所示。

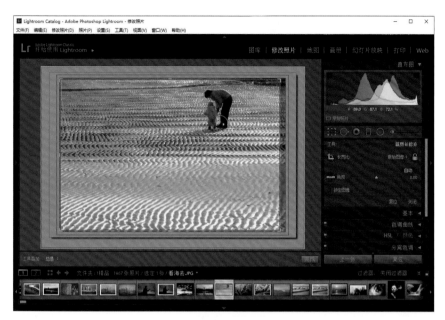

图 13-9

 裁出好照片的 8 大技巧

裁掉空白区域，突出主体 ▶

假如你站在茫茫大草原上，要拍摄远处的一头牧牛，如果相机的镜头焦距不够长，那么最终拍摄的照片中你想要表现的这头牛肯定是很小的，不够突出。还有一种可能，虽然你的镜头焦距已经很长了，达到了 200mm 以上，但由于你距离那头牛实在太远了，也无法让这头牛在照片中占据很大比例。这样在最终拍摄的照片中，作为主体的牧牛所占据的比例很小，其周边有大片单调的、不必要的空白区域，导致构图不够紧凑，画面看起来松松垮垮。

以上两种情况都是我们经常遇到的，并且在拍摄时是很难解决的，那该怎么办呢？要解决这种无法靠近主体，照片中存在大片不必要的区域的问题，需要利用后期中的二次构图，通过裁掉主体周边的大片不必要的区域，最终让不紧凑的画面紧凑起来，让主体变得突出。在游船上拍摄极远处漂浮的冰山，由于冰山的形状是扁长的，如果继续加长焦距，那么必定无法将冰山左右两侧都拍摄完整，因此最终得到的照片就是图 13-10 所示的效果。冰山上方与下方有大片的空白区域，给人非常不舒服的感觉，这就需要在后期中进行裁剪了。这种二次构图是非常简单的，只要将过于空旷的天空和海面部分裁掉就可以了，唯一需要注意的是，照片画幅比例会变得类似于宽画幅的形式。

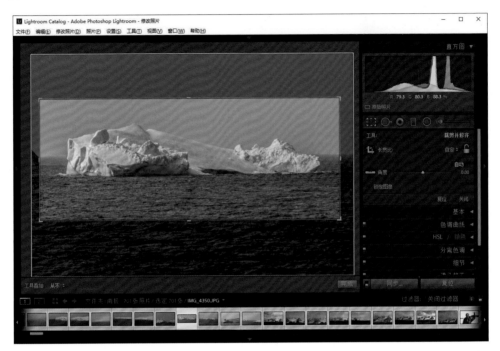

图 13-10

裁掉干扰元素，让画面变得干净 ▶

在有些场景中，虽然已经尽量调整取景角度了，可还是无法避开一些电线杆、电线、杂乱的树枝等物体，而这些杂乱的物体肯定会破坏整体构图，让照片不够理想，这该怎么办？另外，即便没有遇到这些问题，但由于使用超大光圈拍摄，或者遮光罩没有安装好，画面的四角产生了死黑的暗角（通常称为机械暗角），利用镜头校正功能的去暗角功能也无法修复，该怎么办？

很明显，答案只有一个，就是在不影响照片整体效果的前提下，将这些干扰元素裁掉，让画面看起来更加干净。

图 13-11 显示的是在南极拍摄的一张照片，原照片发生了水平倾斜，给人不舒服的感觉；另外，画面中间部位的海狮与几只海鸟被"隐藏"在了岩石中，不够突出和醒目，这种没有明显主体的画面会显得非常杂乱。所以在后期的二次构图之前，先利用水平矫正工具调整照片的水平，然后裁掉周边大量的岩石、水面、冰块等干扰物，放大作为主体的海狮和海鸟，让画面显得比较干净、简洁，最终二次构图的目的也就实现了。

图 13-11

重置主体，体会选择的艺术 ▶

想必本书的大部分读者都是有一定摄影基础的，知道在一张照片中表现单独的主体有非常多的构图形式，将主体放在许多位置都能让其得以突出。例如，分别将主体放在三分线上、对角线上、黄金构图点上等，拍摄多张照片，均可以获得针对同一主体的不同构图形式。但有经验的摄影师往往不会这样做，他们会设定好相机，调整好取景构图，只拍摄一张照片，然后就去进行其他创作。因为他们知道，如果后续还需要将主体放在其他构图位置，只要在二次构图中稍微变换裁剪方式就可以了。例如，通过裁剪将原本位于画面中间的主体变换到黄金构图点上，或者将主体变换到九宫格的某个交点上，再或者将主体变换到某个更偏的位置上，让照片更符合自己的需求。

拍摄一张照片，只要对一张原图进行色调、影调、清晰度等调整就可以了，如果后续有其他需要，可以不同的裁剪方式进行二次构图，就能轻松获得足够多的新照片；而拍摄多张照片的话，则需要对多张照片进行处理，事倍功半。

图 13-12 所示为一张草原晨曦的照片，场景非常开阔，主体景物相对孤立，这就为后期裁剪留下了充分的空间。针对这种情况，如果拍摄黄金分割、黄金螺线、三分法等多张照片，就需要对多张照片进行后期处理，工作量就比较大了。如果只拍摄一张照片，在进行影调及色调的调整之后，进行不同的裁剪，就可以快速获得多张影调、色调及构图都非常理想的照片了，如图 13-13 和图 13-14 所示。图 13-15 所示为进行黄金螺线裁剪构图后的完整照片效果。

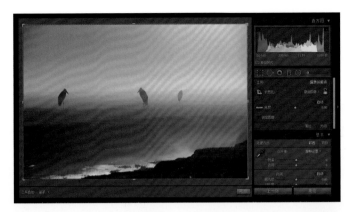

图 13-12

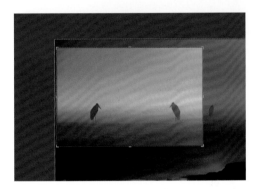

图 13-13

图 13-14

图 13-15

横竖的变化，改变照片风格 ▶

　　学习过摄影构图的读者，应该都知道横画幅构图和竖画幅构图（也称为"直幅构图"）的概念。横构图是使用最多的一种构图形式，因为这种构图形式更符合人眼左右看事物的规律，并且能够在有限的照片画面中容纳更多的环境元素。一般情况下，横构图多用于拍摄宽阔的风光画面，如连绵的山川、平静的海面、人物之间的交流等，还善于表现运动中的事物。

　　竖构图也是一种常用的画幅形式，它有利于表现上下结构特征明显的事物，既可以把画面中上下部分的内容联系起来，还可以将画面中的景物表现得高大、挺拔、庄严。

　　即使在拍摄时已经选择好了横竖结构，在后期的二次构图中仍可以进行再次选择。例如，图13-16 所示的照片表现的是夏日午后的天坛，横画幅的照片充分兼顾了左右两侧古色古香的门洞，并让欣赏者的视线延伸到前方的石砌大道以及更远的地方，可以说是一幅成功的摄影作品。但如果从框景构图的角度来看，就不够理想了，作为框景的部分过于突出，弱化了框景构图那种让人身临其境的心理感受，因此可以尝试通过二次构图将其变为竖画幅构图。

图 13-16

　　如图 13-17 所示，变为竖画幅构图后，虽然已经将特色明显的大门裁剪掉，弱化了环境体验，但同时也将干扰框景构图体验的元素裁掉了。此时画面的框景效果更加明显，身临其境的感觉更加强烈了。这两种构图都是成功的，之所以这样裁剪，是为了营造不同的画面效果。

图 13-17

画中画式二次构图 ▶

很多时候，面对优美的画面，可能在刹那间并没有考虑好如何拍摄，或者虽然考虑好了如何拍摄，但精彩的画面转瞬即逝，不会留给我们太多的时间取景构图。这时就可以从后期二次构图的角度来指导前期的快速拍摄了，具体来说，就是在面临短时间内无法实现完美拍摄的情况时，可以在确保照片整体清晰的前提下，包含更多的场景元素，拍摄更大视角的照片。

举个简单的例子，面对景物非常杂乱的场景时，可以先把整个场景都拍摄下来，然后在后期的二次构图中进行裁剪取舍，去掉杂乱的干扰因素，让画面变得完美。并且，这个二次构图的过程是可以多次尝试的，多尝试几种处理方式，总能找到自己最满意的。图13-18与图13-19所示均为藏区草原上的美景，人物面朝挂着彩虹的集会场所，营造出了很美的意境。再看图13-20所示的照片就会发现，前两者只是后者画面的局部，也可以将前两者看作后者的画中画。

图 13-18　　　　　　　　　　　图 13-19

图 13-20

封闭变开放，增强视觉冲击力 ▶

拍摄一些花卉、静物时，将景物拍全可以让画面显得圆满、完整。在摄影中，这是一种封闭式构图方法。但这样做也容易产生新的问题，那就是照片画面可能会显得平淡，视觉冲击力不够。针对这种情况，通过裁剪将这种封闭式构图变为开放式构图，即重点表现景物的局部，相当于放大了景物的局部，显示出更多的细节和纹理，增强画面的质感和视觉冲击力。同时，可以让欣赏者通过对局部的观赏，将想象空间拓展到照片之外。

图 13-21 所示为北京植物园内盛开的牡丹花。拍过牡丹花的摄影爱好者应该知道，牡丹花虽然漂亮，但很难拍好。花朵与叶子距离过近，不容易拍出虚化效果，且背景往往呈土黄色，很难出彩。原图所示为一种比较典型的拍花技巧，用采蜜的昆虫来衬托花色之美。虽然照片算是成功，但却比较常见。针对这种照片，在二次构图时就可以考虑进行局部的裁剪和放大，将其变为开放式构图，只表现画面中最精彩的部分，以增强画面的视觉冲击力，并起到管中窥豹的效果，留给欣赏者充足的想象空间，裁剪后的照片效果如图 13-22 所示。

图 13-21

图 13-22

微观模型（移轴镜头）特效 ▶

城市街道、行人、汽车等场景的照片画面往往会比较杂乱，并且因为人们天天接触这些场景，会觉得司空见惯，所以很难将这类场景拍得出彩。在摄影后期中，针对这类题材的照片，有一种非常特殊的二次构图方式：微观模型效果——一种模仿移轴镜头效果的后期处理方式。

我们经常见到一些类似的照片画面：只有中间很窄的一片区域是清晰的，上下都是模糊的，这便是模仿了移轴镜头的拍摄效果，强调了画面的局部区域，从而让画面整体显得干净简洁，并且主题鲜明。这种处理方法经常出现在从高处俯拍的城市街道或建筑景观照片中。图 13-23 为原图，是俯拍的阿勒泰城市景观，下面以本照片为例，来演示微观模型二次构图的技巧。处理后的照片效果如图 13-24 所示。

图 13-23   图 13-24

这种模仿移轴镜头的画面效果，人为处理的痕迹比较重，所以并不算常见，但在处理一些城市街景时，可以尝试使用。在 Lightroom 中，由于没有类似的模糊功能，也没有图层功能，因此很难实现这种效果。本例中，进行处理的过程是在 Photoshop 中实现的。这个处理过程比较简单，即便不太懂 Photoshop 也没有关系，记住简单的操作步骤就可以了。具体操作过程如下。

（1）在 Photoshop 中打开照片，然后在"滤镜"菜单中选择"模糊"选项，在弹出的菜单中选择"移轴模糊"选项，即可载入模糊处理的界面，如图 13-25 所示。此时处于激活状态的是"倾斜模糊"，利用该功能来实现移轴模糊效果。需要注意的是，在模糊菜单中，无论选择"场景模糊"还是"移轴模糊"，进入的都是模糊滤镜界面。不同的是，选择"场景模糊"后，还要再次单击"倾斜模糊"才可以进行处理；而选择"移轴模糊"，即可直接激活"倾斜模糊"功能进行处理。

（2）无论采用哪种方式，激活"倾斜模糊"功能后，照片中就会默认加入移轴模糊的参考线：两条实线的中间为清晰的部分，两条虚线之外的部分为模糊部分，而虚线与实线之间则为过渡地带，以确保由清晰到模糊的过渡效果比较真实自然。

单击中间的圆点，可以上下拖动清晰区域的位置，本例中适当向下拖动。还可以拖动各个线条，以调整不同区间的距离。然后在右侧的模糊数值中可以设置模糊程度的高低，本例中设置模糊程度为"74"，待各区域的过渡比较自然之后，单击右上角的"确定"按钮完成处理，如图 13-26 所示。

图 13-25　　　　　　　　　　　　　　　　　　图 13-26

（3）模糊效果制作完成后，可以返回软件主界面。此时观察画面可以发现，构图形式明显发生了变化，虽然只强调了部分建筑物，但画面整体给人的感觉更舒服了。

TIPS

　　在当前的中档数码单反相机中，在润饰菜单中有缩微模型滤镜，可以在相机内实现这种模拟效果。例如，在尼康的 D7100、佳能的 70D 等数码单反机型中，可直接使用这种滤镜进行模拟。

实战：扩充式二次构图 ▶

　　图 13-27 是一张海鸟的照片，它站在岩石上，远景的海面几乎没有细节，画面倒是挺干净。但问题在于近处的一只海鸟构图不完整，这样就破坏了画面的整体效果。如果裁掉前景这只不完整的海鸟，保留右侧完整的那一只，依然有明显的问题，那就是海鸟面向的一侧是画面边缘，没有充分的空间，这种画面会给人非常拥挤的感觉。裁掉左侧构图不完整的部分后，如果能将照片右侧补上一块区域，那效果就会好很多。

图 13-27

　　因为 Lightroom 中没有图层功能，无法实现这一目的，所以只能通过 Photoshop 来实现这种对原照片进行扩展的二次构图。这种扩充式构图的方法虽然少见，但非常有用。在背景简洁的照片中可以轻松实现，具体操作如下。

　　（1）在 Photoshop 中打开原始照片，选择裁剪工具，裁掉照片上下及左侧部分后，继续向右拖动扩展。此处应该注意，向右扩展出的部分不宜过大，如图 13-28 所示，扩展出接近 1/3 的比例已经算是非常大了。确定裁剪区域后，在保留区域双击，或者单击软件界面右上角的"提交当前裁剪操作"（也就是"√"）按钮，完成裁剪。

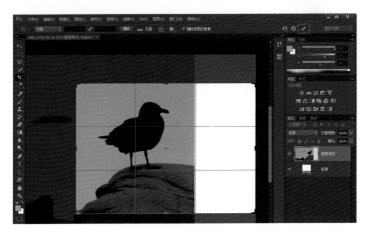

图 13-28

　　（2）在工具栏中选择"矩形选框工具"，框选右侧空白的部分，并且要包含进有像素的区域，选定的区域如图 13-29 所示。然后在"编辑"菜单中选择"填充"选项，打开"填充"对话框，单击"确定"按钮完成填充。

图 13-29

　　（3）初步处理后的效果如图 13-30 所示。从照片效果来看，进行扩充构图的目的已经实现了。当然，岩石的右侧部分，有些地方并不自然，使用"仿制图章工具"等对接合部位的瑕疵进行修复即可。

图 13-30

13.3 二次构图失败的原因

要对拍摄的照片进行二次构图处理，其实是有一个前提的，就是要明白照片的问题在哪里，而你想要一种什么样的效果。即经过分析，发现原片不够紧凑，或者原片中干扰元素太多，又或者觉得照片改变横竖之后能够有更好的效果。如果只是觉得照片不够理想，却找不到原因，也就是没有明确的二次构图思路，那么仓促地裁剪照片，其结果肯定是失败的。因为有些时候，照片不好看，可能是构图思路本身就有问题；或者只是照片的影调或色调有问题，调整后画面的视觉比例发生变化，照片就会变好了；又或者原照片某些元素不完整，再进行裁剪只会让画面更难看。

裁剪边线附近不干净 ▶

一张照片的各个区域，明暗、色彩及清晰度肯定是不同的。二次构图时，如果裁剪线经过一些特殊的明暗或是色彩斑块区域，那么裁剪的效果肯定不会好。来看图 13-31 所示的例子，采用"三等分"裁剪叠加的方式进行裁剪，改变主体花朵的位置。如果只考虑将主体安排于交点上，就可能会让边线裁剪到左侧虚化的花朵上，这样模糊的花朵会对画面形成新的干扰，看起来反而不如原图理想了。

图 13-31

　　所以，正确的做法是继续向内裁剪，把左侧的干扰元素裁掉。因为选择了"三等分"的裁剪方式，所以画面整体会按比例变化，不必担心最终主体花朵无法落于交点上的问题。将裁剪线继续向内拖动之后，最终裁剪出的画面效果如图 13-32 所示。

图 13-32

画面干净但构图不完整 ▶

　　二次构图中，一条非常重要的原则就是不要让构图元素变得不完整，否则二次构图肯定会失败。构图元素的完整性是指要确保重要构图元素的完整性，如主体、陪体等对象在画面中必须是完整的，或者绝大部分被显示出来。如果重要景物只显示了一小部分，那么肯定是不完整的构图。图 13-33

所示的照片中，虽然人物表现力很好，但画面给人的感觉非常不舒服，有残缺感，特别是脚腕部分，以及右下角的雨伞。

　　正确的做法是适当放大取景范围，让人物完整起来，伞把露出一些，整体会给人更完整、更协调的感觉，如图 13-34 所示。

图 13-33

图 13-34

　　在理解完整性构图这个概念时，不要抠字眼，要灵活运用。例如，我们看一个人，至少要到腰身以下部位，才算是显示出了绝大部分，但只拍摄人物头部的照片就是不完整构图吗？显然不是，既要看构图元素是否完整，还要根据具体情况而定。对于人像摄影来说，只要在构图时不裁剪关节，一般不会认为是构图不完整。图 13-35 中，红框标识的位置是不适合裁剪的，如果强行从这些位置裁剪，那么画面就会给人不完整、有残缺的感觉。

图 13-35

14
CHAPTER

新技术合成实战 ▾

照片合成是指对多张照片或素材进行合成，获得与原照片相比更独特的效果。常见的照片合成中，可以将某些元素（可能是从某些照片中抠取出来的）无痕地融入其他背景中；也可能是将不同的照片无缝拼合在一起，获得更精彩的效果。

此外，还有一些比较简单的照片合成，如制作高动态范围的 HDR 效果、制作全景图、制作景物倒影等。

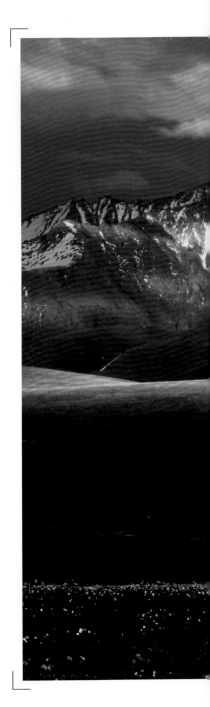

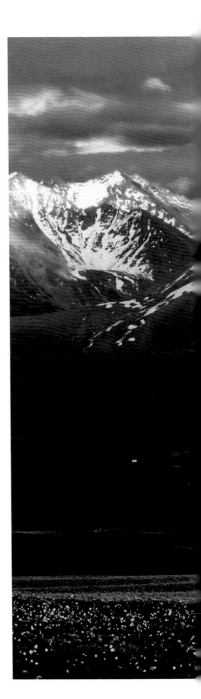

14.1 完美曝光的高动态范围照片

　　人眼具有很大的宽容度和自我调节能力，即使在强光的高反差环境中也能够看清亮处与暗处的细节。相机则不同，即使是最高端的数码单反相机，也无法同时兼顾高反差场景中亮处与暗处的细节。HDR 就是为解决这一问题而产生的，意为高动态光照渲染。具体到摄影领域，HDR 是指通过技术手段让画面获得极大的动态范围，将所拍摄画面的高亮和暗部细节更好地显示出来。

　　针对高反差的场景，获得 HDR 照片效果的方法有许多种，下面进行详细介绍。

直接拍摄出 HDR 效果的照片 ▶

　　针对高反差的拍摄场景，当前许多新型的中高端数码单反相机都内置了 HDR 功能。使用该功能拍摄时，可通过数码处理补偿明暗差，拍摄具有高动态范围的照片。以佳能 EOS 5D Mark III 为例，设定开启 HDR 功能拍摄照片时，可以将曝光不足、标准曝光、曝光过度的 3 张图像在相机内自动合成，以获得高光无溢出和暗部不缺少细节的图像。

　　设定 HDR 功能来控制高反差画面，曝光不足的照片用于显示高亮部位细节，标准曝光用于显示正常亮度的部位，曝光过度的照片用于显示暗部细节。最终这 3 张照片会被自动拼合为一张照片（JPEG 格式），这样照片就能够很好地显示亮部和暗部细节了。

　　相机内设定 HDR 功能对明暗反差大的场景比较有效，在拍摄低对比度（阴天等）的场景时也能够强化阴影，最终得到具有戏剧性的视觉效果。通常情况下，在相机内设定开启 HDR 功能时，可以将不同照片间的曝光差值设为自动、±1EV、±2EV 或 ±3EV。例如，设定 ±3EV 时，照片会对 −3EV、0EV、+3EV 的 3 张照片进行 HDR 合成，+3EV 的照片已基本上能够确保获得足够多的暗部细节了。图 14-1 所示为佳能 EOS 5D Mark III 机型设定 HDR 功能的菜单。

图 14-1

　　与在菜单内设定开启 HDR 功能不同，有些新型的入门级单反相机直接内置了 HDR 曝光模式。在面对逆光等场景时，可以使用该模式直接拍摄，即可获得大动态范围的照片效果。以佳能 EOS 650D 为例，模式拨盘上有 HDR 模式，设定该模式后，按下快门后相机会像高速连拍一样曝光 3 次，最终直接合成一张高动态范围照片，追回高光和阴影部分丢失的细节。在拍摄期间，摄影者要注意握稳相机，不要大幅度抖动，否则最终图像可能无法正确对齐。高反差场景中使用 HDR 逆光模式拍摄，能够得到的大动态范围效果还是不错的，如图 14-2 所示。

图 14-2

利用"HDR 色调"获得高动态画面 ▶

在拍摄期间，既可以使用相机内置的 HDR 功能设定，也可以使用相机的 HDR 逆光模式直接拍摄，以获取接近完美曝光的高动态范围照片。如果在拍摄期间没有利用相机的 HDR 相关功能拍摄，也可以在后期软件中对照片进行适当处理，以获得动态范围较高的照片效果。

针对单一的 JPEG 格式照片，利用 Photoshop 中的 HDR 色调功能，可将高反差照片转换为高动态范围效果，让照片呈现出更多的暗部阴影及高光细节。

图 14-3 所示的照片，虽然场景的光线并不强，但树荫中背光与受光处的反差却很高。如果对照片进行 HDR 色调处理，可让照片呈现出更多的细节，并且可以获得油画一般的效果。在"图像"菜单内选择"调整"选项，在弹出的菜单内选择"HDR 色调"选项，打开"HDR 色调"对话框，如图 14-4 所示，此时可以获得默认的 HDR 高动态画面效果，如图 14-5 所示。

图 14-3   图 14-4   图 14-5

在"HDR色调"对话框中，可以对高光和阴影进行更大幅度的调整。例如本画面中，首先是树荫处的背景部分过暗，因此适当提亮阴影，为了让提亮后的阴影部分看起来自然一些，将半径适当增大，这样可以让景物轮廓显得更清晰一点；之后再适当调节高光、细节等参数，让画面整体变得更漂亮。

进行HDR色调调整时，是默认提高20%饱和度的，本照片中适当提高饱和度可以模拟出强烈的油画效果，使照片更加漂亮。调整完毕后单击"确定"按钮返回。（大部分情况下，在HDR色调对话框中不宜进行大量调整，只针对部分参数进行微调即可。）

利用"阴影/高光"获得高动态范围画面 ▶

除HDR色调功能之外，"阴影/高光"调整也可以实现HDR效果。有关"阴影/高光"调整功能的使用技巧，在本书第2章已经有过详细介绍，这里就不再赘述，只以一个具体的案例来回顾所学知识。

打开图14-6所示的需要处理的照片，在"图像"菜单内选择"调整"选项，在弹出的菜单内选择"阴影/高光"选项，可打开"阴影/高光"对话框，如图14-7所示。先把阴影降回0，然后选中对话框底部的"显示更多选项"复选框，可以打开更为专业的调整框，显示更多的调整参数。

 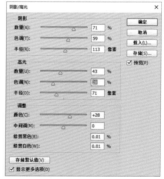

图14-6 图14-7

分别提亮阴影部分，降低高光部分，同时观察画面效果，可以发现画面亮部和暗部均显示出了更多细节。但同时主体与背景之间产生了明显的亮边，显得不够自然。此时就需要对"色调宽度"和"半径"进行调整了。适当拖动"色调宽度"和"半径"滑块并随时观察画面效果，将照片调整到比较理想的状态，如图14-8所示（在此过程中还可以对阴影和高光值进行微调）。

图 14-8

调整完毕后，还可以对画面的整体对比度进行再次优化，然后单击"确定"按钮返回，将照片保存即可。

HDR 合成高动态范围照片 ▶

通常情况下，利用相机内的 HDR 功能可以直接拍摄出高动态范围照片，效果要好于利用"阴影 / 高光"和 HDR 色调功能。高曝光照片用于获得高反差场景的暗部细节，低曝光照片用于获得高光细节，这样最终合成时各部分都能获得非常完整的细节表现力。但"阴影 / 高光"和 HDR 色调功能是在后期软件中强行压暗照片的高光部位并提亮照片的暗部，这样只能在一定程度上追回一些并不算特别极端的像素区域，对于最亮和最暗的极端像素部分是无法追回细节的。

在后期软件中，有另一种更为常用的高动态范围照片处理技巧，是一种 HDR 合成的方法，但需要摄影师在拍摄时就做好准备。

在对环境光线拿捏不准，或者面对高反差场景时，可以使用包围曝光的方式进行拍摄。面对复杂光线的场景，可以从包围曝光的多种曝光值效果中挑选曝光最准确的效果；对于高反差场景，可以在后期软件中对包围曝光的照片进行 HDR 合成，获得高动态范围照片效果。将包围曝光照片在后期软件中进行 HDR 合成，类似于将相机内的 HDR 照片直接输出，能够非常完美地重现所拍摄场景中的高光和暗部细节。

图 14-9 至图 14-11 是利用包围曝光拍摄的 3 张照片，曝光程度分别是标准曝光、降低曝光补偿和增加曝光补偿。

图 14-9

图 14-10

图 14-11

图 14-12 为进行 HDR 合成后得到的照片，可以看到从高光到暗部，画面均呈现出了足够的细节层次。

图 14-12

在底部的胶片窗格中，全选用于 HDR 合成的 3 张素材照片，然后右击，在弹出的菜单中选择"照片合并"→"HDR"选项，如图 14-13 所示。

这时会弹出 HDR 合并预览面板，在其中选中"自动对齐"和"自动设置"复选框，如图 14-14 所示。"自动对齐"是指对齐 3 张不同的素材，避免产生景物的错位；而"自动设置"是利用软件进行智能的后期处理，得到非常漂亮的画面效果，在 Photoshop 主界面进行 HDR 合成是没有这一功能的。

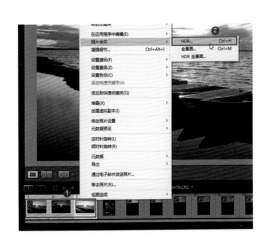

图 14-13

图 14-14

当照片中存在移动的对象时（例如被风吹动的树枝、水面，以及正在奔跑的人物，正在飞翔的鸟儿等），如果运动对象非常明显，那么就应该在"伪影消除量"下设置相应级别，运动速度越快，设置的级别应越高。对于静态的风光照片来说，可以不使用"伪影消除量"功能。本例中，因为前景的水面被风吹动，因此根据实际情况，设置"伪影消除量"为"中"。至于"显示伪影消除叠加"复选框，一旦选中，那么照片中会显示软件对重影部分的消除效果，这对于实际照片是没有影响的，只是显示了调整的区域。设置好各种参数后，单击"确定"按钮即可完成 HDR 的合成，如图 14-15 所示。

完成 HDR 合成后，会返回 Lightroom 主界面。可以看到，生成了扩展名为".dng"的原始文件格式，如图 14-16 所示，这相当于合成了 RAW 格式文件，确保用户可以对合成后的效果进行大幅度的后期处理。

图 14-15

图 14-16

　　合成后的照片，水平线稍稍有些倾斜，因此选择"裁剪工具"，再选择"矫正工具"，沿着天际线拖动出一条直线，然后松开鼠标，如图 14-17 所示。

图 14-17

为了防止边缘裁剪线将空白区域也包含进来，可以将鼠标移动到边线上点住并向内适当收缩，裁掉空白区域，然后在保留区域内双击，完成水平线的校正工作，如图 14-18 所示。

图 14-18

此时可以看到完整的调整参数及调整后的画面效果，可以根据具体的画面效果微调影调及色彩参数，如图 14-19 所示。

图 14-19

因为是广角镜头并且是逆光拍摄，所以要切换到镜头校正面板进行镜头校正，如图 14-20 所示。

图 14-20

此时画面整体的影调稍稍有些平，不够立体，因此可以在天空部分由上向下拖动制作一个渐变滤镜，参数设定为降低曝光度，这样天空中就会出现一个明暗的影调过渡，效果更为理想，如图 14-21 所示。对于地景水面同样如此，由下向上拖动制作渐变。

图 14-21

在太阳周边制作一个径向滤镜，参数设定为适当提高色调值、适当降低清晰度，这样能让太阳周边的光感更强，色彩表现力更好，如图 14-22 所示。

图 14-22

不要忘记选中参数面板底部的"反相"复选框，
如图 14-23 所示，否则调整的是圆形选区之外的
区域，选中"反相"复选框则可以确保调整的是
选区之内的区域。

图 14-23

设定好径向滤镜后，在照片右下角单击"完成"按钮，可以完成照片的后期处理，此时的照片
效果如图 14-24 所示。

图 14-24

14.2　全景照片的合成

如果想获得风光题材的全景效果，使用常规的器材，摄影者只能在距离较远处拍摄，以获得更大的视角，但这样拍摄的照片画面会明显缺乏细节。全景照片的正确获取方式是近景拍摄，然后在后期软件中进行合成。

以后期的思路指导前期拍摄 ▶

1. 使用三脚架，让相机同轴转动

拍摄全景照片，需要摄影者左右平移视角连续拍摄多张照片，且要保证所拍摄的这些素材照片在同一水平线上，所以使用三脚架辅助是最好的选择。在三脚架上固定好相机，但要松开云台底部的固定按钮，让云台能够转动起来，然后同轴地左右转动相机拍摄即可。

2. 选用中长焦端镜头，避免透视畸变

使用广角镜头拍摄全景照片，大约拍 2 ~ 3 张即可满足全景接片的要求。这样虽然操作起来简单，但却存在一个致命的缺陷，那就是无论多好的镜头，广角端往往存在一定的畸变，即画面边角会扭曲，多张边角扭曲的素材接在一起，最终的全景效果也不会太好。

大部分情况下，摄影者应该选择畸变较小的中长焦距来拍摄，如果使用中等焦距拍摄，拍 4 ~ 8 张就完全可以满足全景接片的要求了。

3. 手动曝光保证画面明暗一致

要完成全景照片的创作，需要注意不同照片的曝光均匀性，即应该让全景接片所需的每张照片都有同样的拍摄参数，光圈、快门、感光度等要完全一致，这样最终完成的全景照片才会真实。设定手动对焦，并在手动模式下固定好光圈、快门和感光度是比较好的选择。

4. 充分重叠画面

拍摄全景照片的过程中，要注意相邻的素材照片之间应该有 15% 左右的重叠区域。如果没有重叠区域，那么后期无法完成接片；如果重叠区域少于 15%，那么接片的效果可能会很差，也有可能无法完成合成。当然，如果重叠区域很大，甚至超过了一半，合成效果也不会好。

后期接片的操作技巧 ▶

下面通过一个具体的案例，来介绍如何在 Lightroom 中对照片进行接片的操作。图 14-25 至

图 14-31 为接片所用素材，图 14-32 所示为接片并调整后的照片效果。

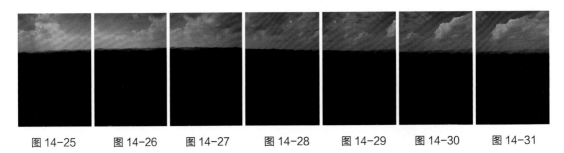

图 14-25 　　图 14-26 　　图 14-27 　　图 14-28 　　图 14-29 　　图 14-30 　　图 14-31

图 14-32

在底部的胶片窗格中，全选用于接片合成的多张素材照片，然后右击，在弹出的菜单中选择"照片合并"→"全景图"选项，如图 14-33 所示。

图 14-33

经过一段时间的运算，照片就会自动合成，进入"全景合并预览"对话框，右侧的"选择投影"选项组中有"球面""圆柱"和"透视"3 个按钮。在合成全景图时，要选择某一种合成方式，如选择"球面"后，照片会是一种相对比较正常的合成方式，如图 14-34 所示。

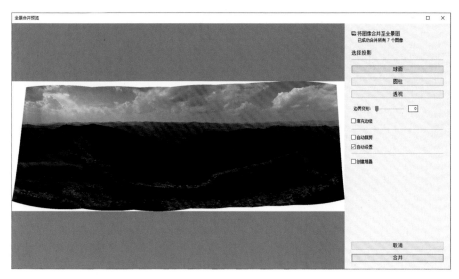

图 14-34

选择"圆柱"后，照片的高度会被拉高，如图 14-35 所示。

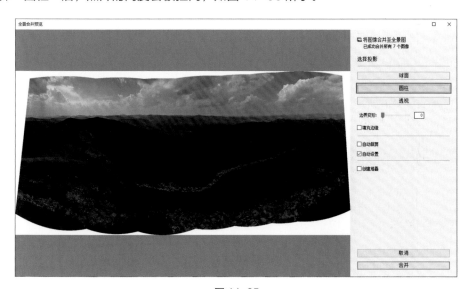

图 14-35

"透视"模式主要是对使用超广角镜头拍摄的素材进行接片。如果焦距并非超广角端，那么使用这种合成方式可能会合成失败，如图 14-36 所示。

对于下方的"边界变形"参数，只要将其值提到最高，就可以将原有的空白区域通过扭曲像素来填充，如图 14-37 所示。下方还有一个"自动裁剪"复选框，选中该复选框，软件就会自动将没有对齐的空白区域裁剪掉，以确保得到完全有像素覆盖的区域。但如果只选中"自动裁剪"复选框，那么可能会将一些想保留的重点区域裁剪掉。如图 14-37 所示，将"边界变形"提到最高，那么四周就不会再存在空白区域了，下方的自动裁剪也就失去了意义。最后单击"合并"按钮完成操作，回到 Lightroom 主界面即可。

图 14-36   图 14-37

此时，可以在 Lightroom 主界面中看到合成的效果图及底部的 ".dng" 格式文件，如图 14-38 所示。

图 14-38

现在切换到镜头校正面板，在其中进行镜头校正，如图 14-39 所示。校正后四周变得过亮，可以适当向左拖动底部的暗角参数，恢复暗角效果。

回到基本面板，在其中对照片的影调及色彩进行调整，参数设定及画面效果如图 14-40 所示。

此时的画面整体显得比较平，光线不够集中，因此尝试创建暗角，让欣赏者的视线能够进一步集中在画面中间的长城上。切换到"效果"面板，适当降低"裁剪后暗角"参数组中的"数量"值，为画面增加暗角，如图 14-41 所示，之后提高下方的"高光"值，这样可以避免四周高亮的云层变灰（"高光"主要用于恢复被暗角强行压暗的白色景物，如云层等）。

图 14-39

图 14-40

图 14-41

回到基本面板，对影调、色彩再次进行整体的微调，并适当提高"饱和度"的值，以加强画面的色彩感，如图 14-42 所示。

图 14-42

至此，照片的后期处理就完成了，至于锐化和导出等操作，这里就不再赘述了。

14.3 堆栈技术实战

堆栈技术是近年来非常流行的一种后期技术，可以实现模拟慢门的效果（平均值或最大值模式），与简单的慢门效果相比各有优劣；还可以对高噪点的照片进行一定的降噪处理，达到画质非常细腻的效果（平均值或中间值模式）。因此，堆栈技术深受广大摄影爱好者的青睐，并且越来越流行。

要实现堆栈效果，往往需要从前期拍摄时就开始着手，比如要堆栈得到慢门的效果，那么需要进行大量的连拍，然后利用不同的堆栈模式达到想要的效果。本节将借助一个平均值堆栈的具体案例，来介绍堆栈的一些操作技巧。

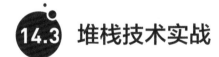

图 14-43 是原始照片，也是堆栈的素材图中的一张。图 14-44 是堆栈后的画面效果。

图 14-43　　　　　　　　　　　　　　　　　　图 14-44

图 14-45 是使用减光镜直接拍摄的画面效果。可以看到，堆栈之后的画面效果与使用减光镜直接拍摄的效果相差不大，并且使用堆栈得到的画面效果还比较干净。从水面的角度来看，使用减光镜拍摄的水面雾化效果明显更好一些。如果要使用堆栈的技法来达到雾化效果如此理想的水面，则需要拍摄非常多的照片，反而比较耽误时间。但在没有携带减光镜的时候，直接拍摄并进行堆栈，效果也比较理想，是比较好的选择。并且，通过堆栈可以对画面实现降噪和消除行人的效果。

图 14-45

堆栈后期原理与实战 ▶

下面介绍对多张素材进行堆栈，实现慢门效果的技巧。

先将所有素材文件在 Lightroom 中打开，然后选择其中一张照片，可以看到照片的四周有明显的暗角。切换到"镜头校正"面板，选中"删除色差"和"启用配置文件校正"复选框，消除建筑边缘的彩边，并对暗角进行一定的校正，如图 14-46 所示。

图 14-46

进入"基本"面板，对画面的影调进行调整，主要是提高"阴影"值、降低"高光"值、整体提高"曝光度"，这样可以恢复暗部的一些细节层次，如图 14-47 所示。当然，暗部提亮后会产生大量噪点，但没有关系，后续通过堆栈可以将其消除掉。

图 14-47

原照片色彩有些偏黄，因此适当降低"色温"值、微调"色调"值，让画面的色彩更冷清一些，显得更通透、更漂亮，如图 14-48 所示。

图 14-48

在底部的胶片窗格中全选所有素材，然后单击"同步设置"按钮，打开"同步设置"面板，因为没有进行裁剪、局部调整等操作，所以直接采用默认的选项，然后单击"同步"按钮即可，如图 14-49 所示。

图 14-49

同步批处理完成后，保持所有照片处于选中状态，右击，在弹出的菜单中选择"堆叠"→"组成堆叠"选项，这样可以将所有照片堆叠起来以一个文件图标显示，如图 14-50 所示。

右击堆叠起来的图标，在弹出的菜单中选择"在应用程序中编辑"→"在 Photoshop 中作为图层打开"选项，这样可以将所有素材图片载入 Photoshop 的不同图层，如图 14-51 所示。

图 14-50   图 14-51

此时可以看到所有图片被载入了 Photoshop 的不同图层，全部选中这些图层，单击点开"图层"菜单，选择"智能对象"→"转换为智能对象"选项，如图 14-52 所示。

图 14-52

这样可以将所有图层折叠起来，转换为一个智能对象。

接下来点开"图层"菜单，选择"智能对象"→"堆栈模式"→"平均值"选项，如图 14-53

所示。该操作的目的在于将折叠起来的多个图层以平均值的方式进行叠加。

图 14-53

借助平均值堆栈，可以对画面实现一定的降噪处理。其原理是，将某一个像素点位置的上下多个图层的亮度相加再取平均值，这样如果某一个图层有噪点，但该位置的其他图层没有噪点，经过取平均值，噪点的效果就会接近于被消除掉，整体画面效果会比较理想。

从画面呈现的效果来看，暗部的噪点被很好地消除掉了，并且左侧很多行人也被消除了。因为使用的素材相对来说比较少，所以行人没有被彻底消除干净，如果拍摄的素材足够多，那么左侧的行人就会被完全消除掉。

> **TIPS**
>
> 　　中间值是指多个图层进行比对时，中间的效果值，有的像素位置有噪点，有的没有噪点，但是相对来说某个像素点位置还是没有噪点的情况比较多，所以取没有噪点的像素，这样整个画面的效果也会比较理想，最终实现降噪的效果。
>
> 　　平均值与中间值的差距在于，利用中间值更利于消除照片中偶然出现的一些行人、飞机、车轨等干扰物，而平均值则不利于消除这些干扰，其他的相差不大。

照片右下角有一块干扰物，因此选择裁剪工具，将右下角的干扰物裁掉，如图 14-54 所示。

图 14-54

按【Ctrl+S】组合键可以保存照片，这样堆栈并裁剪后的照片会自动返回 Lightroom。

因为此时的照片色彩还是不够干净，所以这里借助分离色调功能，分别为高光和暗部渲染不同的色调，快速让画面变为两种主色调的形式，色彩就会变得非常干净。

切换到"分离色调"面板，为亮部渲染暖色调，为暗部渲染青蓝的冷色调，如图 14-55 所示。

图 14-55

接下来切换到"HSL/颜色"面板，如图 14-56 所示，在色相子面板中对画面的色彩进行整体协调，主要是让黄色向红色方向偏移，让橙色向红色方向偏移，这样可以让霞光部分的色彩更纯净一些。

图 14-56

切换到校准面板，在底部稍微向左拖动蓝原色，适当提高蓝原色饱和度的值，这样可以让画面的色彩更加统一、干净，如图 14-57 所示。

图 14-57

所谓蓝原色调整是指让画面的冷色调向青色方向靠拢，相应的暖色调会向青色的补色，也就是洋红方向偏移。通过这种大量色彩的靠拢，会让画面中的色彩快速统一为冷暖两种色调。

提高蓝原色的饱和度，则主要是提高我们所统一的青色和洋红的饱和度。

在最终完成后期处理之前，切换到"色调曲线"面板，创建弧度微小的 S 形曲线，强化画面反差，提高照片通透度，如图 14-58 所示。

图 14-58

切换到"细节"面板，提高"锐化"参数组中的"数量"值，提高锐度，如图 14-59 所示。

图 14-59

按住【Alt】键向右拖动蒙版的值，如图 14-60 所示。这样可以将锐化的区域限定为建筑的边缘（呈现白色的部分），而对于大片的平面部分（呈现黑色的部分）则不进行锐化。这样可以确保该清晰的位置足够锐利，该柔和的部分足够平滑，照片画质会更加理想。

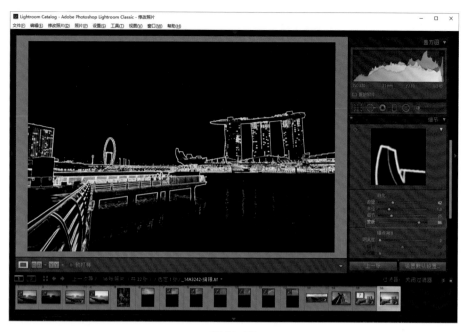

图 14-60

最后，将照片导出即可。

15

CHAPTER

风光与人像
后期实战 ▾

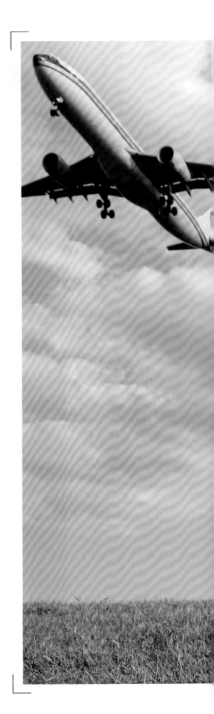

照片拍摄完成之后，导入计算机。

接下来要做什么呢？如果认真学习了本书前面介绍的内容就会发现，本书自始至终遵循了这样一条思路：①照片导入和管理，②照片快速修饰，③照片深度处理或精修，④照片输出。本章将继续以这一思路来处理风光与人像照片。

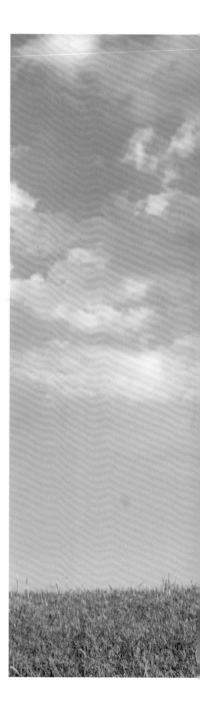

15.1 照片的导入、标记与收藏

照片的导入 ▶

Lightroom 中照片的来源主要有两个，一个是从计算机硬盘（或移动硬盘）中导入，另一个是从相机的存储卡中导入。在将存储卡中的照片导入时，建议使用多功能读卡器读取数据。

（1）使用专业的后期软件管理图库能够节省磁盘空间，提高浏览、标记和检索照片的效率。

在使用 Lightroom 对图库进行专业化管理之前，要先对磁盘内众多的照片文件夹进行整理，建议整理的方式为，将文件夹命名为"时间＋主题"的形式，如图 15-1 中的"2020-6-13 云州水库"就用于存放 2020 年 6 月 13 日笔者去河北赤城的云州水库拍摄的照片。

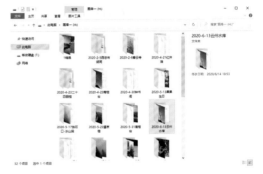

图 15-1

（2）计算机内的图库整理好之后，就可以将整个磁盘驱动器的所有文件夹都导入 Lightroom 了，如图 15-2 所示。

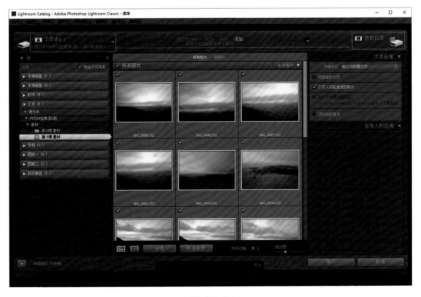

图 15-2

如果总是使用一个目录，就会产生单一目录过大的问题，甚至导致 Lightroom 的启动都要耗费大量的时间。因此建议将图库按年份导入，生成多个目录。

（3）如果要将图库导入移动硬盘，或者可能会请专业修图师处理照片（这在商业摄影中较为常见），那么就要在向 Lightroom 导入照片时选中"构建智能预览"复选框，如图 15-3 所示。这样将照片导入目录后，即便取走移动硬盘，依然可以对照片进行后期处理；对于商业摄影师来说，拍摄了大量照片，选中"构建智能预览"复选框后导入 Lightroom，就可以只将目录文件发送给专业修图师修图，而不用传送超大的原始文件。

图 15-3

遴选照片标记为留用 ▶

（1）照片导入 Lightroom 之后，首先要做的工作是浏览照片，通过做各种标记挑选出高质量的照片，以进行后续的处理。

如果时间比较充裕，建议对照片进行多样化的标记，如用色标标注照片的色彩，用星标标记优先处理的等级等，如图 15-4 所示。

图 15-4

（2）如果时间不够充足，但又必须进行选片，应该怎么做呢？其实很简单，可以先用旗标进行照片的标记。对构图、曝光没有严重问题的照片，快速标记为留用就可以了，如图 15-5 所示。

如果只对照片标记旗标，这个过程还是很快的。比如，这种方式特别适合一些影楼摄影师在完成一天的拍摄后，临下班之前的照片遴选工作。

图 15-5

将留用的照片导入收藏夹 ▶

（1）对新导入的照片进行标记之后，可以通过过滤器快速检索出标记为留用的照片，按【Ctrl+A】组合键全选这些照片。然后在 Lightroom 左侧面板中，单击收藏夹面板右上角的"+"按钮新建收藏夹，如图 15-6 所示。在弹出的对话框中为收藏夹命名，其他选项保持默认即可。这样留用的照片就会被导入新建的收藏夹中。

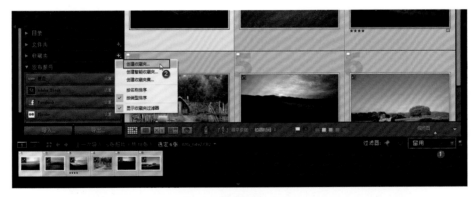

图 15-6

（2）之所以要将留用的照片放入收藏夹，是因为切换到修改照片界面后，是无法从左侧面板中找到文件夹路径的，但却可以找到收藏夹。如图 15-7 所示，即便在修改照片界面，也可以在左侧面板中切换到刚建立好的照片收藏夹。这样就可以方便地在修改照片界面中对不同照片进行后期处理和浏览。并且，收藏夹中全是留用的照片，不会有废片影响修片工作。

图 15-7

 风光照片后期处理全流程

照片初步校正 ▶

初步遴选出照片之后，在修改照片界面底部打开浏览窗格，隐藏左侧面板和上方面板。一般在短时间、同一场景中拍摄的照片会存在相似的问题。从中挑选出一张具有代表性的照片，让其以大图的形式显示在照片工作区，如图 15-8 所示。

图 15-8

先对照片进行初步的校正，主要是在右侧的镜头校正面板中进行校正。具体操作非常简单，只要进入镜头校正面板，直接选中"删除色差"和"启用配置文件校正"这两个复选框即可，如图15-9所示。如果选中这两个复选框后软件无法识别，则需要手动选择镜头品牌及型号。

图 15-9

照片明暗影调的调整 ▶

对照片的明暗影调进行处理，具体包括对曝光度、对比度、阴影、高光、白色色阶、黑色色阶等参数的调整，让照片的明暗影调合理，并且不会有大量的高光溢出和暗部细节损失。对照片进行处理后的效果如图15-10所示。

图 15-10

白平衡与色彩的调整 ▶

照片明暗影调调整到位后，再来对照片的色彩进行处理。通过对白平衡与色彩的调整修复照片的偏色问题，在面板底部对照片的色彩饱和度进行微调。一般情况下，是对鲜艳度（自然饱和度）进行微调，而不改动饱和度，如图 15-11 所示。

图 15-11

Lightroom 中的局部调整 ▶

对照片的整体校正与调整完成后，在进入 Photoshop 精修之前，可能需要如图 15-12 所示这样，在 Lightroom 中进行局部的渲染。借助径向滤镜，在太阳周边制作径向区域，以强化太阳光线。

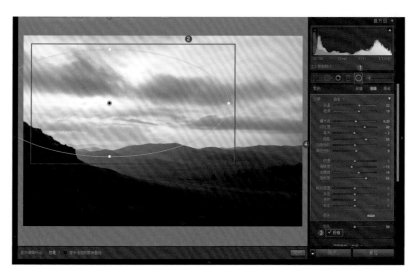

图 15-12

具体操作是，选择径向滤镜，在目标区域拖动出径向区域，然后在参数面板底部选中"反相"复选框，这样可以确保调整区域为径向选区之内，然后设定参数即可。

风光照片的精修 ▶

在 Lightroom 内调整完毕后，将照片载入 Photoshop 进行精修。

在 Lightroom 底部窗格中右击处理过的照片，在弹出的菜单中选择"在应用程序中编辑"→"在 Adobe Photoshop 2020 中编辑"选项，如图 15-13 所示，这样可以将照片载入 Photoshop。

图 15-13

在 Photoshop 中打开需要精修的照片后，创建曲线调整图层，打开曲线调整面板，然后在曲线的中间位置单击创建一个锚点，点住曲线向下拖动，压暗照片整体的亮度，如图 15-14 所示。

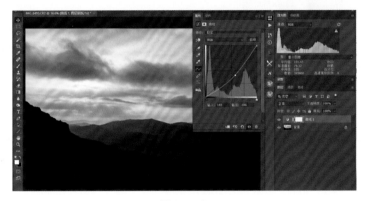

图 15-14

我们的目的是压暗照片中背光的部分，借此来强化照片的反差，丰富画面影调。

按【Ctrl+I】组合键对蒙版进行反向，将其变为黑蒙版。黑蒙版会遮挡住当前图层的调整效果，也就是遮挡住曲线调整图层的曲线调整效果，使照片变为初载入的状态，如图 15-15 所示。

图 15-15

　　在工具栏中选择画笔工具，将前景色设定为白色，调整画笔边缘为柔性画笔，降低画笔不透明度到 13% 左右，然后用画笔在照片中需要继续压暗的阴影处涂抹，如图 15-16 所示。让这些位置的蒙版变白，那么这些位置就会露出压暗的曲线调整图层效果，实际上这些位置会变暗。

图 15-16

　　而将画笔设定为 13% 的不透明度，是考虑到低透明度可以让擦拭的效果更柔和，不会出现涂抹边缘生硬、过渡不自然的情况。当然，因为不透明度较低，所以有些需要大幅度变暗的位置，需要用画笔多涂抹几次。

　　再次创建曲线调整图层，创建锚点后向上拖动，提亮画面，如图 15-17 所示。

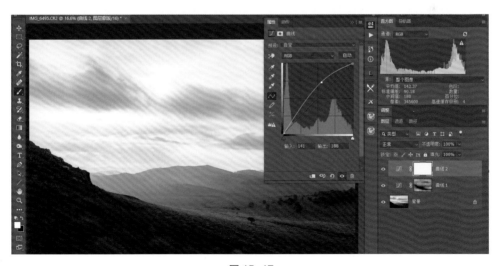

图 15-17

　　按【Ctrl+I】组合键反相蒙版，用黑蒙版遮挡调整效果。然后选择画笔工具，将前景色设定为白色，画笔边缘及不透明度依然保持之前的设定，在需要提亮的位置涂抹，将这些部分提亮，强化照片反差，让照片变得更通透，如图 15-18 所示。

图 15-18

涂抹位置主要包括一些较为浓重的云层，以避免这些云层显得过于沉重，让画面显得散乱。

最后创建一个曲线调整图层，创建一条弧度非常轻微的 S 形曲线，用于增强画面的反差，提升通透度，如图 15-19 所示。

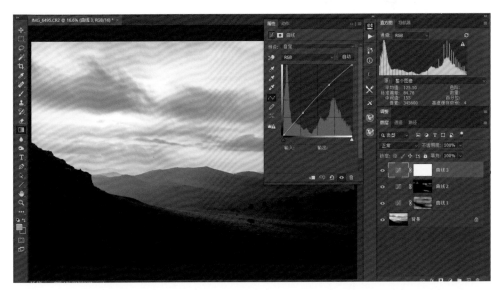

图 15-19

如果感觉此时的照片色彩感不是太理想，可以考虑适当提升太阳周边霞光和地面受光线照射部分的色彩感。

创建"色相 / 饱和度"调整图层，提高饱和度的值，对全图提高饱和度以加强色彩感，如图 15-20 所示。

图 15-20

因为只想为太阳周边和地面受光线照射部分增加色彩感，所以按【Ctrl+I】组合键反相蒙版，用黑蒙版遮挡当前图层的调整效果。

然后用白色画笔，按照之前设定的不透明度，在太阳周边和地面受光线照射的部分涂抹擦拭，将这两部分的调整效果显示出来，如图 15-21 所示。

图 15-21

至此，照片的精修初步完成。右击某个图层的空白处，在弹出的菜单中选择"拼合图像"选项，将图层拼合起来，如图 15-22 所示。

接下来可以在 Photoshop 中进行锐化处理，当然也可以直接保存照片，返回 Lightroom，在 Lightroom 中进行锐化和降噪处理。

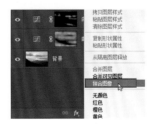

图 15-22

锐度与降噪处理 ▶

照片精修到位后，在 Photoshop 中按【Ctrl+S】组合键保存照片，这样照片会自动返回 Lightroom，这时可以切换到细节选项卡，在其中进行锐度处理。适当提高锐化数量值，如图 15-23 所示。

图 15-23

按住【Alt】键并拖动蒙版滑块，可以限定锐化的区域，如图 15-24 所示。此时照片中白色的部分为锐化区域，黑色的部分为不锐化的区域。

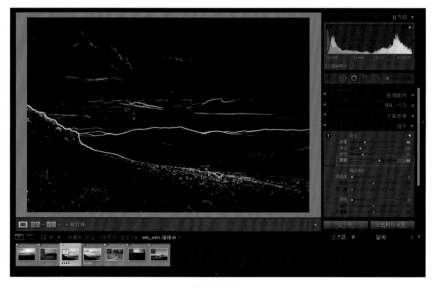

图 15-24

照片输出：照片尺寸、分辨率与打印尺寸 ►

处理完照片之后，就可以导出照片了，如图 15-25 所示。

图 15-25

另外，还可以根据照片用途来进行一些不同的设定和导出，例如将照片上传到网络上与大家分享，也可以冲洗或打印照片。但这时就会涉及像素、照片尺寸和分辨率的问题了。

新手常犯的一个错误就是搞不清像素数、照片尺寸和分辨率这几个概念的区别和联系。以一款 2400 万像素的数码单反相机为例进行介绍，该相机拍摄的照片像素为 2400 万，表达的是图像的数据量，用图像尺寸来表示，为 6000×4000 像素，两者相乘的结果即为 2400 万。许多初学者将 6000×4000 称为分辨率是不对的，这是照片尺寸（用于描述计算机显示器的分辨率与此不同，两者不能混淆）。

分辨率是指每英寸能够打印的像素点数，即打印精度，用 dpi 表示。在打印或冲洗照片时，分辨率是决定照片打印尺寸的决定性因素。将照片尺寸除以分辨率，即可得出所能打印的照片尺寸（单位是英寸）。

举例来说，一张照片的尺寸是 6000×4000 像素，分辨率为 300dpi，那么该照片能够打印出的高清晰度照片尺寸为 20 英寸 ×13.3 英寸，即 50.8 厘米 ×33.8 厘米（1 英寸 =2.54 厘米）。

照片的打印机或冲印机的最佳输出分辨率是 300dpi。如果降低输出为 150dpi（例如使用大幅面喷绘打印），那么虽然可以输出更大尺寸的图片，但图像精度也有所降低，贴近观察可以明显看出粗糙感，只适合较远距离观看。

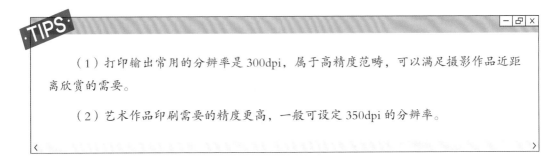

·TIPS·

（1）打印输出常用的分辨率是 300dpi，属于高精度范畴，可以满足摄影作品近距离欣赏的需要。

（2）艺术作品印刷需要的精度更高，一般可设定 350dpi 的分辨率。

网络上传或分享 ▶

通常情况下，我们在网络上看到的摄影师们发布的作品都不是原片效果，受网络流量限制以及为满足欣赏者访问速度的要求，发布者上传的照片需要小于拍摄时的尺寸。一般拍摄的数码照片像素要达到 1000 万以上，即长边尺寸最低也超过 4000 像素。而当前主流数码单反相机的像素多高达 2000 万以上，照片尺寸可达到 6000×4000 像素。这样如果直接发布到网上，欣赏者在浏览照片时非常困难，可能看一张照片要缓冲很长时间。所以通常情况下要先对这些照片进行压缩，然后再上传到网上，压缩后的照片尺寸多为 800×600 像素或 1000×667 像素，总像素也就是几百 kB。在 Photoshop 中，可以使用"图像大小"调整功能来放大或缩小照片的实际尺寸。

15.3 人像照片精修

从摄影的角度来说，对于大部分照片，利用专业级后期处理软件 Lightroom，都可以实现快速高效的管理和完美的后期效果。但 Lightroom 仍有其局限性，有些功能仍然不够强大，或者说缺少某些专业级的修图功能，因此就需要在 Lightroom 中进行初步修片之后，再将照片导入 Photoshop 中进行精修。

相对来说，风光题材的照片需要从 Lightroom 跳转到 Photoshop 中进行深度处理的时候并不多，大多集中在瑕疵修复和照片合成这两方面。

而对于人像题材的照片来说，需要载入 Photoshop 进行精修的时候可能更多一些。例如五官、脸型、身材的重新塑型和修饰，人物的抠图及特效合成等，都需要在 Photoshop 中才能实现。

人像照片：面部精修（多案例）▶

1. 面部污点及瑕疵修复

无论是化妆还是素颜，一旦拍摄人物的特写照片，那人物面部的污点、瑕疵等在数码单反相机的高解像力下会变得相当清晰。

在正式开始讲解之前需要知道一件事情，即我们所说的精修，虽然大部分是在 Photoshop 中进行的，但并不是说在 Lightroom 中就无法实现。大部分情况下，对人物面部进行的精修，是既可以在 Photoshop 中实现，也可以在 Lightroom 中实现的。

　　对污点及瑕疵的修复，就是人像照片精修的一个方面。最简单的污点修复操作，利用 Lightroom 即可完成（当然，也可以在污点修复功能更为强大的 Photoshop 中进行处理）。在工具栏中单击选中污点去除工具，并在该面板中设置画笔的大小，最后将画笔放在污点及瑕疵上单击，软件就会智能地自动寻找周边干净的背景作为模仿源，混合出新的像素来填充污点部分，实现修复。图 15-26 展示了利用 Lightroom 进行人物面部污点修复的效果对比图。

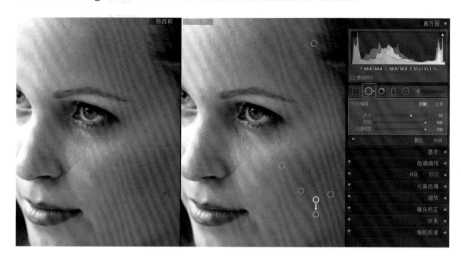

图 15-26

2. 提亮眼白

　　因为光线朝向，以及眉骨、睫毛、眼睑等的遮挡，人物的眼白可能不够白，这会让人物的眼睛神采变弱，甚至会让整个人物显得活力不足。在 Lightroom 中，利用调整画笔工具可以修复人物眼白，使其变亮。具体的调整过程非常简单，选中调整画笔工具，尽量缩小画笔直径，以刚好能覆盖住眼白区域为佳。将所有参数都归 0 后，适当降低饱和度、提高曝光度，然后用调整画笔工具在人物眼白处轻轻涂抹，此时可以发现已经提亮了眼白，效果对比如图 15-27 所示。

图 15-27

3. 美白牙齿

在学会了怎样提亮眼白之后，使用同样的方法也可以实现对牙齿的美白。在使用调整画笔工具美白人物牙齿时，除提高曝光度和降低饱和度之外，还可以适当降低高光，这样可以避免因为牙齿过亮带来的高光细节损失。对人物牙齿美白的效果对比如图 15-28 所示。

图 15-28

4. 柔化皮肤

对人物皮肤进行柔化处理时，使用调整画笔工具，即便效果选项没有设定为柔化皮肤，只要将清晰度降为 0，在人物大片的肌肤部位涂抹，也可以起到很好的柔化效果。唯一需要注意的就是，要尽量避开人物的眼眉、睫毛、嘴唇等重点轮廓线部位。人物皮肤柔化前后的效果对比如图 15-29 所示。

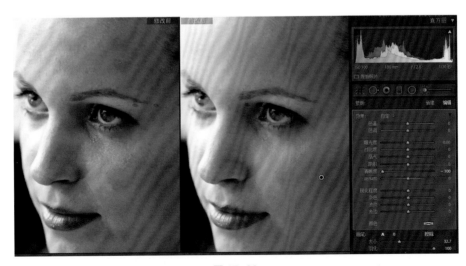

图 15-29

5. 去除过重的眼袋

有些难度稍高的面部精修处理，在 Lightroom 中实现的难度要大一些，如眉毛的塑形、眼袋的消除等。下面以消除人物过重的眼袋为例进行介绍。

（1）从图 15-30 所示的照片中可以看到，人物眼袋明显过重。放大显示照片，这样可以更清晰地观察人物面部的细节与五官轮廓。在 Photoshop 中打开这张照片之后，先按【Ctrl+J】组合键复制一个新的图层，然后在智能修复工具中选择修补工具。

（2）选择修补工具之后，拖动鼠标将眼袋部分选中，如图 15-31 所示，向眼袋周边有光滑肌肤的区域拖动，寻找可以进行参照的源，然后松开鼠标。拖动的距离不宜过大，否则找到的源区域的纹理会与目标修复区域的纹理差别过大，造成修复效果失真。

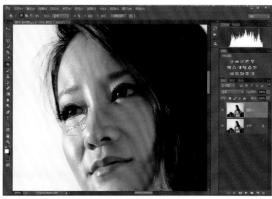

<table>
<tr><td>图 15-30</td><td>图 15-31</td></tr>
</table>

（3）其实，无论找到的源区域有多么合理，混合出来填充眼袋区域的像素总是有些失真的，不会毫无痕迹。为了消除一些人为修复的痕迹，可以将新复制的图层透明度适当降低一些，这样眼袋的处理效果也会被弱化。此时在背景的混合下，修复效果就不那么明显了，变得更加自然，如图15-32 所示。

图 15-32

人像照片：面部塑形（综合案例）▶

液化是非常好用的工具，特别是对于人像题材的照片。下面将介绍利用液化工具对人物进行面部塑形的处理技巧。之前已经介绍过液化滤镜的使用方法了，但这里依然要单独讲解。因为在进行面部塑形时，液化滤镜的使用方法是不同的。

图 15-33 所示的是一张很漂亮的人像照片，但依然存在一些小遗憾，即人物右侧腮骨过于突出，并且与下巴接合部位的线条有些奇怪。经过在 Photoshop 中进行面部的重新塑型，人物脸型和五官变得更加漂亮了，如图 15-34 所示。

图 15-33

图 15-34

先将初步处理好的照片在 Photoshop 中打开。因为对于人物脸型及五官的重塑主要借助液化滤镜进行，所以先单击点开"滤镜"菜单，选择"液化"选项，如图 15-35 所示。

图 15-35

此时会进入一个单独的液化滤镜界面，如图 15-36 所示。对于人物面部的调整，可以在左侧的竖栏中选择面部工具。

图 15-36

　　此时观察人物面部，如图 15-37 所示。因为光线比较强的缘故，人物眼睛有些眯，所以先在上方的眼睛这组参数中，单击眼睛大小中间的锁形按钮，表示两只眼睛同步调整，然后向右拖动眼睛大小，放大眼睛；因为鼻子稍稍有些宽，这会影响人物的秀气程度，所以稍稍向左拖动鼻子宽度滑块，让鼻子窄一点，让人物显得更秀气；人物的下颌稍稍有些尖，所以稍稍向左拖动下颌滑块，向上收一下人物的下颌骨。

图 15-37

　　对于人物突出的腮骨和下巴部分扭曲的形状，用面部工具很难进行特别有效的调整，因此可以在左侧的竖栏中选择向前推动工具，适当调整画笔笔触大小，然后向内推动人物腮骨，如图 15-38 所示。

图 15-38

　　对人物下颌及腮骨进行仔细的调整，要随时调整画笔笔触的大小，具体调整时可以在英文输入法的状态下按"【"或"】"键来控制画笔笔触的大小。对人物下巴和腮骨调整完成后，单击"确定"按钮，完成人物脸型及五官的塑形，可以看到此时的人物变得更漂亮了，如图 15-39 所示。

图 15-39

人像照片：让身材变修长（综合案例）▶

图 15-40 是在首都机场旁边的草地上拍摄的一张照片，整体上看照片是成功的，但当时这个姑娘的衣服实在有问题，跑起来后几乎看不出腰，这是画面的一个缺憾。不过没有关系，有强大的 Photoshop，可以轻松地为这个姑娘重塑身形，让整个画面变得完美起来。

对人物身形重塑后，可以看到人物更加漂亮了，如图 15-41 所示。

图 15-40

图 15-41

接下来要让人物的身材变得修长，主要是腿部和腰部，所以需要向下扩展照片。同时，为避免照片长宽比发生变化，宽度也需要同比例增加。分析原照片，可以发现飞机左侧是有些拥挤的，所以最终采用的方案是向下扩展照片。

选择裁剪工具，将鼠标放在照片左下角，当其变为双向箭头后，将画面边线向左下方拖动，扩充构图，如图 15-42 所示。注意，没有必要将照片放得太大。照片扩大到位之后，按【Enter】键完成裁剪。

图 15-42

在工具栏中选择矩形选框工具，选中人物胸部水平线以下的部分，如图 15-43 所示。然后按
【Ctrl+T】组合键对选区进行自由变换（当然，也可以在编辑菜单内选择"自由变换"选项，启动
自由变换功能），然后单击点住照片下方的边线，按住【Shift】键并向下拖动，如图 15-44 所示。
拖动到位后松开鼠标，并按【Enter】键完成变形，按【Ctrl+D】组合键取消选区。此时可以发现，
人物的腰部和腿部都变得修长了很多。

图 15-43

图 15-44

现在的照片下方和左侧有大片的空白，在工具栏中选择裁剪工具，设定按照原始比例对照片进
行裁剪，裁掉下方的空白，此时左侧依然残留空白，如图 15-45 所示。

图 15-45

如果仅裁掉左侧的空白部分，那么照片的比例会发生变化。这时可以在工具栏中选择矩形选框工具，框选人物左侧的部分，如图 15-46 所示。

图 15-46

按【Ctrl+T】组合键，令左侧进入自由变换状态，在左侧边线上单击点住，然后按住【Shift】键向左拖动，这样可以拉伸左侧部分，并将左侧的空白区域填充起来，如图 15-47 所示。

图 15-47

之后按【Enter】键完成变形，再按【Ctrl+D】组合键取消选区，这样就完成了人物的肢体塑型。